ЎЗБЕКИСТОН РЕСПУБЛИКАСИ ОЛИЙ ТАЪЛИМ , ФАН ВА ИННОВАЦИЯЛАР ВАЗИРЛИГИ

ТОШКЕНТ ИРРИГАЦИЯ ВА ҚИШЛОҚ ХЎЖАЛИГИНИ МЕХАНИЗАЦИЯЛАШ МУҲАНДИСЛАРИ ИНСТИТУТИ МИЛЛИЙ ТАДҚИҚОТ УНИВЕРСИТЕТИ

БУХОРО ТАБИИЙ РЕСУРСЛАРНИ БОШҚАРИШ ИНСТИТУТИ

САТТОРОВ ШАҲЗОД ЯРАШОВИЧ

Монография

Совершенствование методики формирования геоинформационной базы государственного кадастра объектов культурного наследия *(на примере Бухарской области)*

Маданий мерос объектлари давлат кадастрининг геоахборот базасини шакллантириш услубини такомиллаштириш (Бухоро вилояти мисолида)

Бухоро –2024

ISBN 978-93-5872-343-4

© **Taemeer Publications**

Book   :
Improving the method of forming the geoinformation base of the state cadastre of cultural heritage objects (in the case of Bukhara region)

Author   :   Sattorov Shaxzod

Publisher   :   Taemeer Publications

Year   :   '2024

Pages   :   122

Title Design   :   *Taemeer Web Design*

Сатторов Шаҳзод Ярашович *Техника фанлари бўйича фалсафа доктори (PhD), доцент*

Сатторов Шаҳзод Ярашович техника фанлари фалсафа доктори (PhD), доцент, 1993 йил 19 декабрда Ўзбекистон Республикаси, Бухоро вилояти Жондор туманида таваллуд топган. Илмий - педагогик фаолияти давомида 50 дан ортиқ илмий ишлари Республика ва халқаро ОАК тассаруфидаги журналларда нашр этилган, жумладан: 1 монография ҳамуаллифликда ва 4 та услубий кўрсатма, 4 та ўқув қўлланма, 3 та ўқув дастури нашр қилинган. Халқаро илмий-амалий конференция ва симпозиумларда илмий маърузалари билан иштирок этган. 06.01.10   Ер тузиш, кадастр ва ер мониторинги ихтисослигида илмий изланишлар олиб бормоқда.

Ш.Я.Сатторов. “ТИҚХММИ” МТУ Бухоро табиий ресурсларни бошқариш институти доценти, техника фанлари бўйича фалсафа доктори (PhD) “Маданий мерос объектлари давлат кадастрининг геоахборот базасини шакллантириш услубини такомиллаштириш (Бухоро вилояти мисолида)”

Монографияда маданий мерос объектлари давлат кадастрининг геоахборот базасини шакллантириш учун белгиланган меъёрий талаблар, истиқболли жойларни танлашда амал қилинадиган тамойиллар, хорижий олимларнинг илмий ишлари ўрганилган ва таҳлил қилинган. Бухоро вилояти ҳудудидаги бугунги кунда мавжуд бўлган маданий мерос объектлари ҳамда уларнинг географик жойлашуви бўйича маълумот келтирилган. Вилоятдаги мавжуд маданий мерос объектларининг муҳофаза зоналари буферизация қилинган. Маданий мерос объектлари давлат кадастрининг геомаълумотлар базасини шакллантириш усули дастурлаш қоидаларини инобатга олган ҳолда такомиллаштирилган, маданий мерос объектлари давлат кадастрини юритишда insta 360 қурилмаси асосида маршрутли съёмка қилиш услуби такомиллаштирилган ва виртуал тури ишлаб чиқилган, Sketch Up дастури ёрдамида маданий мерос объектларининг уч ўлчамли моделини яратиш усули такомиллаштирилган, Java Script кўп парадигмали дастурлаш тили асосида атрибутив маълумотларини шакллантириш усулини инобатга олиб маданий мерос объектлари давлат кадастрининг онлайн геопортали ишлаб чиқилган. Натижада, маданий мерос объектларининг мавзули қатламларини шакллантириш, атрибутив маълумотлар жадвалларини талаб даражасида тўлдириш ва махсус қисқартмалар ёрдамида мавзули қатламларни ахборот алмашинуви учун интеграция қилиш имконияти яратилган

Мазкур монография ер тузувчилар, ер тузиш ва ердан фойдаланиш, геодезия, картография ва кадастр таълим йўналишларида таҳсил олаётган бакалавр, магистр, илмий-тадқиқотчилар фойдаланишлари учун мўлжалланган.

“ТИҚХММИ” МТУ Бухоро табиий ресурсларни бошқариш институти илмий-техник кенгашининг қарори билан чоп этишга тавсия этилди.

МУНДАРИЖА

КИРИШ

Жаҳонда Маданий мерос объектлари давлат кадастрини юритиш ва виртуал турини яратишда замонавий техника ва технологиялардан фойдаланиш етакчи ўринни эгалламоқда. Дунё миқъёсида инновацион технологиялардан фойдаланиб маданий мерос объектларини геомаълумотлар базасини шакллантириш ва уч ўлчамли моделини визуаллаштириш орқали туризм соҳасини ривожлантиришни тақозо этади. Шу жиҳатдан маданий мерос обидаларининг виртуал турини яратиш асносида уларнинг техник ҳолатини мониторинг қилиш, уч ўлчамли моделини визуаллаштириш ва геоахборот тизими дастурлари ёрдамида маълумотлар базасини шакллантириш услубини такомиллаштириш муҳим аҳамиятга эга ҳисобланади.

Жаҳонда маданий мерос объектлари давлат кадастрини юритиш ва замонавий усулларни қўллаган ҳолда маданий мерос обектларга оид ахборотларни геомаълумотлар базасига интеграция қилишни янги илмий-техникавий ечимларини ишлаб чиқишга йўналтирилган илмий-тадқиқот ишлари олиб борилмоқда. Бу борада, маданий мерос объектларининг геопорталини яратиш орқали туризм соҳасини ривожлантиришга қаратилган тадқиқотларга алоҳида эътибор берилмоқда.

Республикамизда маданий мерос объектлари давлат кадастри соҳаси бўйича комплекс чора-тадбирларни амалга ошириш, хусусан, объектларга доир барча ахборотларни рақамлаштириш, маданий мерос объектлари давлат кадастрини юритиш услубини такомиллаштириш юзасидан кенг қамровли чора-тадбирлар амалга оширилиб, муайян натижаларга эришилмоқда. 2022-2026 йилларда Ўзбекистон Республикасини янада ривожлантириш бўйича Тараққиёт стратегиясининг Давлат дастуридаги 76-бандига мувофиқ «Ўзбекистон Республикадаги маданий мерос объектларини сақлаш, реставрация ва консервация қилиш билан боғлиқ комплекс тадбирларни амалга ошириш ва географик ахборот тизимини яратиш[1]» бўйича муҳим вазифалар

---

[1] https://lex.uz/uz/docs/5841063

белгилаб берилган. Ушбу вазифаларни амалга оширишда, жумладан, ўз навбатида маданий мерос объектларини замонавий усуллар асосида мониторинг қилиш, объектлар кадастрини юритиш ва маданий мерос объектларини давлат кадастрини геомаълумотлар базасида визуаллаштириш бўйича илмий изланишлар олиб бориш муҳим аҳамият касб этмоқда.

Ўзбекистон Республикаси Президентининг 2018 йил 19 декабрдаги ПҚ-4068-сон «Моддий маданий мерос объектларини муҳофаза қилиш соҳасидаги фаолиятни тубдан такомиллаштириш чора-тадбирлари тўғрисида»ги қарори, Ўзбекистон Республикаси Вазирлар Маҳкамасининг 2019 йил 4 октябрдаги 846-сон «2022–2026 йилларда Маънавий тараққиётни таъминлаш ва соҳани янги босқичга олиб чиқиш Дастурини тасдиқлаш тўғрисида»ги, 2022 йил 28 январдаги 60-сон «Республика ҳудудида жойлашган маданий мерос объектларини сақлаш, рсставрация ва консsrvация қилиш билан боғлиқ комплекс тадбирларни амалга ошириш» тўғрисидаги фармонлари ҳамда мазкур фаолиятга тегишли бошқа меъёрий-ҳуқуқий ҳужжатларда белгиланган вазифаларни амалга оширишга ушбу диссертация иши муайян даражада хизмат қилади.

I-БОБ. МАДАНИЙ МЕРОС ОБЪЕКТЛАРИ ДАВЛАТ КАДАСТРИНИНГ ШАКЛЛАНТИРИШНИНГ НАЗАРИЙ АСОСЛАЛАРИ

1.1. Маданий мерос объектлари давлат кадастрни юритиш ҳолати, такомиллаштириш зарурияти

Ўзбекистон Республикаси Президенти Ш.М.Мирзиёевнинг 2020 йил 7 сентябр ПФ-6061-сон «Ер ҳисоби ва давлат кадастрларини юритиш тизимини тубдан такомиллаштириш чора-тадбирлари тўғрисида» Фармони ижросини таъминлаш мақсадида, Ўзбекистон Республикаси Давлат Солиқ қўмитаси хузуридаги Кадастр агентлиги фаолиятини ташкил этиш чора-тадбирлари тўғрисида" ПҚ-4819-сонли қарорида республикамизда давлат ва хўжалик бошқаруви органлари, маҳаллий давлат хокимияти органлари фаолияти самарадорлигини ошириш, Давлат кадастрлари палатаси кўчмас мулкка бўлган ҳуқуқларнинг давлат реестрини, давлат ер кадастри, бинолар ва иншоотлар давлат кадастрини ҳамда Давлат кадастрлари ягона тизимини юритиш вазифалари юклатилган [1].

Маданий мерос объектлари давлат кадастри «Маданий мерос объектларини муҳофаза қилиш ва улардан фойдаланиш тўғрисида» [2], «Давлат кадастрлари тўғрисида» Ўзбекистон Республикаси қонунларига ва бошқа норматив-ҳуқуқий ҳужжатларга, шунингдек "Ўзбекистон Республикаси моддий маданий мерос объектлари давлат кадастрини юритиш тартиби тўғрисида Низом"га мувофиқ маданий мерос объектларининг давлат муҳофазасини ҳамда улардан оқилона фойдаланишни таъминлаш мақсадида юритилади [1].

Маданий мерос объектлари давлат кадастри ўзида маданий мерос объектларининг географик жойлашиши, ҳуқуқий мақоми, миқдорий, сифат тавсифлари ва қиймати тўғрисидаги янгилаб туриладиган маълумотлар ва ҳужжатлар тизимини ифодалайди.

Маданий мерос объектлари давлат кадастрини юритиш учун қуйидаги асосий принциплар асос қилиб олинган:

- Республиканинг бутун ҳудудида маданий мероснинг барча объектларини маданий мерос объектлари давлат кадастри билан қамраб олиш;

- Кадастр ахборотини шакллантиришнинг ягона методологияси;

- Маданий мерос объектлари давлат кадастри юритишни марказлаштирилган тарзда бошқариш;

- Давлат кадастрлари ягона тизими талабларини таъминлаш;

- Кадастр ахборотининг ишончлилиги ҳамда уни тўлдириш ва янгилаб боришнинг узлуксизлиги;

- Кадастр ахборотидан фойдаланиш мумкинлиги.

Маданий мерос объектлари давлат кадастрини юритиш маданий мерос объектларига мулкчилик ҳуқуқини ва бошқа ҳуқуқларни давлат рўйхатидан ўтказишни, маданий мерос объектларини миқдорий ва сифат тавсифларини ҳисобга олишни, маданий мерос объектларини сифат ва қиймат жиҳатидан баҳолашни, кадастр ахборотини туркумлаштириш, сақлаш ва янгилашни, маданий мерос объектларининг ҳолати тўғрисидаги ҳисоботларни тузишни, Давлат кадастрлари ягона тизимига киритиш учун тегишли ахборотни тақдим этишни, фойдаланувчиларни кадастр ахбороти билан таъминлашни ўз ичига олади [7].

Ўзида тарихий, илмий, бадиий ёки ўзга маданий қимматга эга бўлган ёдгорликлар, ансамбллар ва диққатга сазовор жойлар маданий мерос объектлари давлат кадастрининг объектлари бўлиб ҳисобланади.

Ўзбекистон Республикаси Туризм ва маданий мерос вазирлиги ҳузуридаги Маданий мерос агентлиги унинг ҳудудий бошқармалари томонидан юритилади, маданий мерос объектлари давлат кадастрининг юритилишини мувофиқлаштиради, норматив-методик ҳужжатларни ишлаб чиқади, кадастр юритилишини назорат қилади, ҳудудий бошқармаларнинг кадастр ҳисоботларини туркумлаштиради, кадастр хизматларини моддий-техник таъминлайди, маданий мерос объектларининг давлат кадастри автоматлаштирилган ахборот тизимини ишлаб чиқади, манфаатдор юридик ва жисмоний шахслар томонидан кадастр материалларидан фойдаланиш тартиби ва шартларини белгилайди ва давлат кадастрлари ягона тизимига зарур кадастр ахборотини беради.

Маданий мерос объектлари, мулкчилик объектлари ва субъектлари, маданий мерос объектларига эгалик қилиш, улардан фойдаланиш ва улар ижараси, улардан мақсадли фойдаланиш тўғрисидаги маълумотлар ҳисобини ҳамда улардан фойдаланиш режимини юритади; маданий мерос объектлари рўйхатини тузади; маданий мерос объектлари бўйича кадастр дафтарини юритади; маданий мерос объектларининг жойлашиш схемасини тузади [7]. Маданий мерос объектлари давлат кадастрининг мазмуни - Маданий мерос объектлари давлат кадастрида республика ҳудудидаги барча маданий мерос объектлари тўғрисидаги маълумотлар мавжуд бўлади.

Ҳисобга олиш ва баҳолаш ахбороти биргаликда маданий мерос объектлари бўйича кадастр ахборотини ташкил этади, ушбу ахборот алифболи-рақамли (матнлар, жадваллар) ва чизиқли (режалар, схемалар ва ўлчамлар) шаклларда қоғозда, магнит ва бошқа манбаларда тақдим этилади. Маданий мерос объектлари давлат кадастри маданий мерос объектларининг географик жойлашуви ҳақидаги маълумотларни, маданий мерос объектларининг миқдорий ва сифат тавсифлари ҳамда қиймат жиҳатидан ҳисобини ўз ичига олади [7].

Маданий мерос объектларини ҳисобга олиш ахбороти:

- кадастр тартиб рақамини;

- номини;

- жойлашган жойини;

- типологик тегишлилигини;

- сана қўйишни;

- мулкдор, эгаси, фойдаланувчи ёки ижарага олувчи – юридик ёки жисмоний шахснинг номини ва унинг манзилини;

- маданий мерос объектининг идоравий мансублигини;

- маданий мерос объектининг мақсадли вазифасини;

- тарихий маълумотларни;

- маданий мерос объектининг дастлабки қиёфасини ўзгартирган қайта қуриш ва йўқотишларни;

- таъмирлаш ишларини (умумий тавсиф, қиймати, вақти, муаллиф, ҳужжатлар сақланадиган жой);

- бинога, иншоотга, ер участкасига бўлган ҳуқуқлар давлат рўйхатидан ўтказилганлиги тўғрисидаги маълумотларни;

- муҳофаза зоналари ва қурилишни тартибга солиш зоналари чегараларини ўз ичига олади.

Маданий мерос объекти тавсифи номи, типологик мансублиги, манзили, замонавий фойдаланилиши, тарихий маълумотлар, ёдгорликнинг дастлабки қиёфасини ўзгартирган қайта қуришлар ва йўқотишлар, илмий-тарихий ва бадиий аҳамияти, асосий библиография, архив манбалари, иконографик материал, техник ҳолати, муҳофаза қилиш тизими, тоифаси, муҳофаза қилишга қабул қилинганлиги тўғрисидаги ҳужжатнинг санаси ва тартиб рақами, муҳофаза зонаси чсгаралари, баланс бўйича мансублиги, муҳофаза ҳужжатининг санаси ва тартиб рақами, археология ёдгорлиги учун: санаси, энг муҳим топилмалар рўйхати ва тавсифи, тарих ёдгорликлари учун: санаси, мармар лавҳада матнлар мавжудлиги ва ўрнатилган вақти, архитектура ёдгорликлари учун: санаси, режалаштирилиши, композицион-макон тузилмаси ва конструкцияларнинг ўзига хослиги, фасад ва интерьерлар безаги хусусияти, ранг-тасвир, ҳайкалтарошлик, амалий санъат мавжудлиги, қурилиш материали, асосий ўлчамлари, монументал санъат ёдгорликлари учун: муаллифи ва санаси, композицион ечими хусусиятлари, матнлар, материал, техника, ҳажми, маданий мерос объектининг ижтимоий, илмий-тарихий ва бадиий аҳамиятига умумий баҳо беришдан иборат бўлади [7].

Маданий мероснинг кўчмас объектларига ҳуқуқлар ер участкалари муҳофаза зоналарининг натурада белгиланган ва мустаҳкамланган чегаралари мавжуд бўлган тақдирда бинолар ва иншоотларнинг давлат ср кадастри ва давлат кадастрини олиб борувчи органларда кадастр рўйхатидан ўтказилади. Ер участкаси чегараларининг бурилиш нуқталари қозиқли белгилари йўқолган тақдирда улар ўша жойда ер участкаси чегараларининг бурилиш нуқталари ўрнатилган ҳолда дала геодезия ўлчамлари ўтказилган ёки тегишли кўламдаги фотография маълумотидан фойдаланилган ҳолда ер участкалари ажратиш материаллари бўйича тикланади. Маданий мерос объектлари сони уларнинг амалдаги ҳолати ва фойдаланилишига кўра ҳисобга олинади.

Маданий мерос объектларини баҳолаш, шу жумладан қийматини баҳолаш улардан самарали фойдаланишни белгилаш, етказилган зарар миқдорини аниқлаш, суғурта, ижара тўлови ставкалари, уларни таъмирлаш, консервация қилиш харажатларини қоплаш, жорий тузатишни олиб бориш учун ўтказилади. Маданий мерос объектлари қийматини баҳолаш Ўзбекистон Республикаси Туризм ва маданий мерос вазирлиги томонидан тасдиқланган услубият бўйича амалга оширилади. Маданий мерос объектлари давлат кадастри кадастр ахборотининг узлуксиз янгиланишини таъминловчи асосий ва жорий турларни ўз ичига олади. Маданий мерос объектлари давлат кадастрининг асосий турини юритишда маданий мерос объектлари барча турларининг бирламчи ҳисоби амалга оширилади, уларнинг сони кўрсатилади ва натурада ер участкалари чегаралари белгиланади.

Маданий мерос объектига кадастр ҳужжатлари: маданий мерос объектига мулкчилик ва бошқа ҳуқуқларни тасдиқловчи ҳужжатлардан, маданий мерос объекти кадастр ишидан, кадастр харитасидан, кадастр дафтаридан ва маданий мерос объектининг ҳолати тўғрисидаги ҳисоботдан иборат бўлади. Маданий мерос объекти кадастр иши кадастр объектига ҳуқуқларни шакллантириш, ҳисобга олиш ва кейинчалик давлат рўйхатидан ўтказиш учун зарур бўлган паспорт, ҳужжатлар, материаллар ва кадастр суратга олиш ҳужжатлари, техник хатлаш ва паспортлаштириш, махсус текшириш ва қидирувлар, кадастр объектининг сифат ва қиймат баҳосидан иборат бўлади. Маданий мерос объектининг кадастр харитаси кадастр объектларининг жойлашган жойини, уларнинг чегараларини, муҳофаза зоналарини, баҳолаш, миқдорий ва сифат тавсифларини акс эттирувчи чизиқли ҳужжат ҳисобланади ҳамда қоғозда, магнит ва бошқа манбаларда тузилади [7]. Кадастр дафтари маданий мероснинг кадастр объектларини рўйхатдан ўтказиш ва ҳисобга олишнинг асосий ҳужжати ҳисобланади ҳамда унда уларнинг географик жойлашиши, ҳуқуқий мақоми, миқдорий ва сифат тавсифлари ва баҳолаш ҳақидаги маълумотлар мавжуд бўлади.

Давлат кадастрини юритиш тартиби - Тарихий-маданий қимматга эга бўлган объектларни маданий мерос объектлари давлат кадастрига киритиш, давлат мулки бўлган маданий мерос объектларига нисбатан - жойлардаги давлат ҳокимияти органларининг ва юридик ва жисмоний шахсларнинг мулки бўлган маданий мерос объектларига нисбатан - юридик ва жисмоний шахсларнинг таклифлари асосида амалга оширилади. Тарихий-маданий қимматга эга бўлган объектларни маданий мерос объектлари давлат кадастрига киритиш тўғрисидаги таклифларни тегишли равишда объектларнинг эгалари ёхуд жойлардаги давлат ҳокимияти органлари билан келишган ҳолда ҳудудий бошқармалар ҳам киритишга ҳақлидир [7].

Жойлардаги давлат ҳокимияти органлари, юридик ва жисмоний шахсларнинг объектларни Маданий мерос объектлари давлат кадастрига киритиш тўғрисидаги таклифлари ҳудудий бошқармаларга тақдим этилади. Ҳудудий бошқармалар объектни олдиндан ўрганади, зарур кадастр ҳужжатлари тузади ва Агентликка юборилади. Агентлик объектларни маданий мерос объектлари давлат кадастрига киритиш бўйича тақдим этилган материалларни тарихий-маданий экспертизадан ўтказиш учун Агентлик Илмий-эксперт кенгашининг кўриб чиқиши учун киритади. Маданий мерос объектлари давлат кадастрига киритилган маданий мероснинг ҳар бир объектига буйруқ қабул қилинган пайтдан бошлаб ўн кун мобайнида маданий мерос объекти паспорти расмийлаштирилади. Паспортда маданий мерос мазкур объектини муҳофаза қилиш ҳисобланадиган маълумотлар ва унинг асосий кўрсаткичлари бўлади.

Маданий мерос объекти паспортининг шакли Ўзбекистон Республикаси Давлат солиқ қўмитаси ҳузуридаги Кадастр агентлиги билан келишган ҳолда Ўзбекистон Республикаси Туризм ва маданий мерос вазирлиги томонидан белгиланади.

Маданий мерос объектининг паспорти расмийлаштирилган кунидан бошлаб беш кундан кечикмай тегишли ҳудудий бошқармага юборилади.

Ҳудудий бошқармалар беш кун мобайнида тегишли равишда маданий мерос объекти эгасини (юридик ёки жисмоний шахсни) ёхуд жойлардаги давлат ҳокимияти органини маданий мерос объектининг маданий мерос объектлари давлат кадастрига киритилганлиги тўғрисида хабардор қилади ва уларга маданий мерос объекти паспортини беради [1] (1.1.1- расм).

1.1.1-расм Маданий мерос объектларини маданий мерос объектлари давлат кадастрига киритиш схемаси
Бухоро вилоят маданий мерос бошқармаси маълумоти.

Маданий мерос объектларини маданий мерос объектлари давлат кадастридан чиқариш ҳудудий бошқармалар, объектларнинг эгалари (юридик ва жисмоний шахслар), жойлардаги давлат ҳокимияти органларининг таклифлари бўйича амалга оширилади. Жойлардаги давлат ҳокимияти органлари, юридик ва жисмоний шахсларнинг маданий мерос объектини маданий мерос объектлари давлат кадастридан чиқариш тўғрисидаги таклифлари тегишли ҳудудий бошқармага юборилади.

Ҳудудий бошқармалар тушган таклифларни ўрганадилар ва уларни ўз таклифлари билан биргаликда Агентликка тақдим этадилар. Маданий мерос объектини маданий мерос объектлари давлат кадастридан чиқариш Ўзбекистон Республикаси маданий мерос объектлари давлат кадастрини юритиш тартиби тўғрисидаги мазкур Низомнинг 27-30 бандларида назарда тутилган тартибда қабул қилинади [7] (1.1.2-расм).

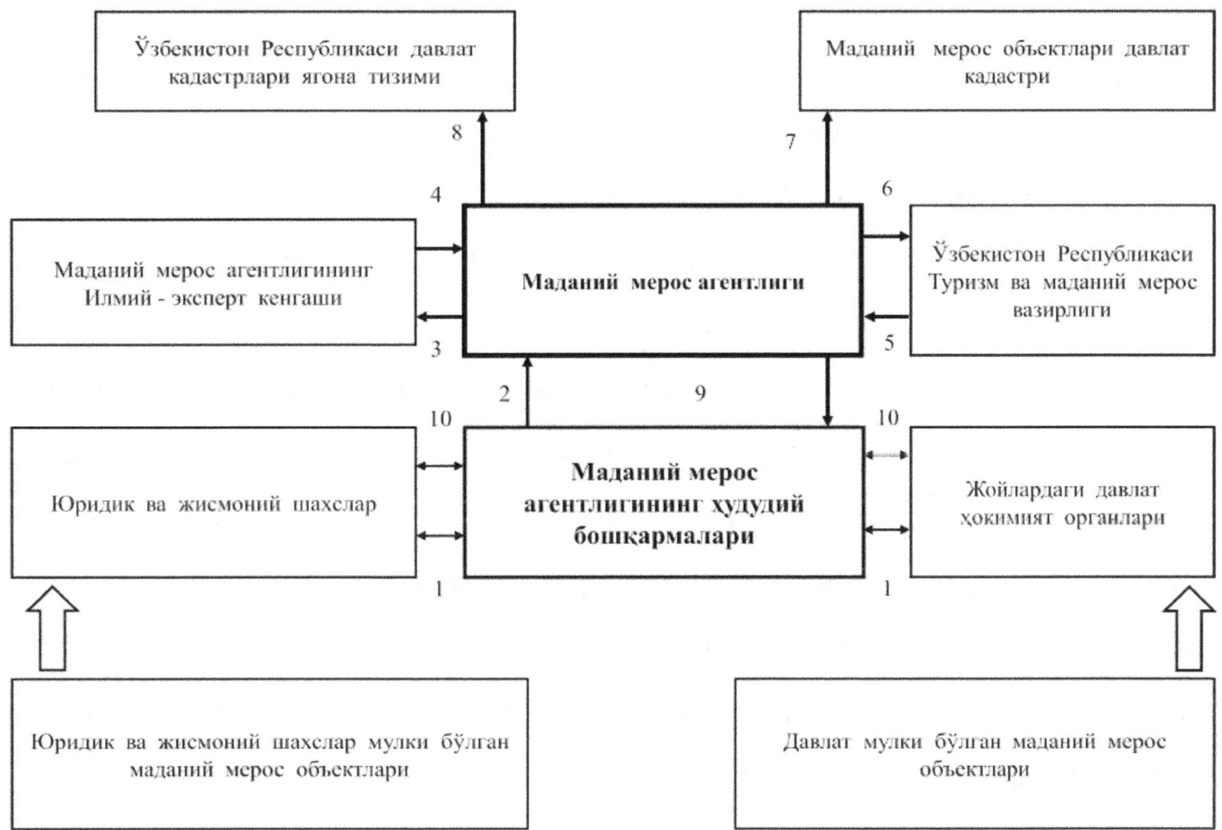

1.1.2-расм Маданий мерос объектларини маданий мерос объектлари давлат кадастридан чиқариш схемаси

Бухоро вилоят маданий мерос бошқармаси маълумоти.

Туризм ва маданий мерос вазирининг маданий мерос объектини маданий мерос объектлари давлат кадастридан чиқариш тўғрисидаги буйруғи асосида Агентлик маданий мерос объектлари давлат кадастрида ёзувни қайд этади. Буйруқнинг нусхаси тегишли ҳудудий бошқармага юборилади.

Ҳудудий бошқармалар маданий мерос объектини маданий мерос объектлари давлат кадастридан чиқариш тўғрисидаги буйруқнинг нусхасини олгач объект эгасини ёки жойлардаги давлат ҳокимияти органини ёзма равишда хабардор қилади. Маданий мерос объекти паспорти унинг маданий мерос объектлари давлат кадастридан чиқарилганлиги тўғрисидаги билдиришнома олингандан кейин ўн кун муддатда минтақавий инспекцияга қайтарилиши керак.

Ўзбекистон Республикаси Вазирлар Махкамасининг 2005 йил 16 февралдаги 66-сонли қарори билан тасдиқланган "Давлат кадастрлари ягона тизимини яратиш ва юритиш тартиби тўғрисида" ҳамда Ўзбекистон Республикаси Вазирлар Маҳкамасининг 2002 йил 29 июль 269-сонли қарорига мувофиқ "Маданий мерос объектларини муҳофаза қилиш ва улардан фойдаланишни янада такомиллаштириш чора-тадбирлари тўғрисида" [2] Қарорларида маданий мерос объектлари давлат кадастрини юритиш ва шакллантириш вазифалари белгилаган.

Юлия Евгеньевна Голякова ўзининг илмий тақиқот ишларида тарихий ва маданий мерос объектларини давлат ҳисоби ва муҳофаза қилиш тизимини такомиллаштириш мамлакат маданияти ва тарихи учун алоҳида муҳофаза қилинадиган ҳудудларнинг энг қимматли тоифаларидан бирига нисбатан кадастр ишлари назарияси ва амалиётининг энг долзарб йўналишларидан бири эканлигини айтиб ўтган. Бундан ташқари, унинг фикрича тарихий ва маданий мерос объектларини ноёб объектлар сифатида ҳуқуқий қўллаб-қувватлаш, ер ва шаҳарсозлик қонунчилигига устувор аҳамият берилиши керак бўлган бир қатор тегишли ҳуқуқ соҳаларининг норматив-ҳуқуқий ҳужжатлари тўплами саналади. Бугунги кунга келиб, тарихий ва маданий мерос объектларини ҳуқуқий қўллаб-қувватлаш тизими сезиларли яхшиланишни талаб қилади, шунга кўра уни ишлаб чиқиш зарур, лекин шу билан бирга, бундай қўллаб-қувватлашнинг техник томони умуман мавжуд эмаслигини аниқлаган [92].

Бубунги кунда бу борада янги талаблар асосида низом ва норматив хужжатлар тасдиқланиб ишлаб чиқариш ташкилотларига вазифалар юклатилиб келинмоқда.

1.2. Бухоро вилояти ҳудудидаги мавжуд маданий мерос объектлари мониторинги

Ўзбекистон Республикаси Маданият вазирлиги, маҳаллий давлат ҳокимияти органлари моддий маданий мерос объектларининг давлат кадастрига ёки номоддий маданий мерос объектларининг рўйхатига киритилган маданий мерос объектлари ҳолатини назорат қилиб туриши ҳамда маданий мерос объектларининг асралиши юзасидан жорий ва истиқбол дастурларини ишлаб чиқиш мақсадида беш йилда бир марта моддий маданий мерос объектларининг ҳолатини кўрикдан ўтказиши ва уларни қайд этиб қўйиши талаб этилади[2]. Объектларнинг ҳолатини кўрикдан ўтказиш ишларини ташкил этишда мониторинг усули асосида амалга ошириш тавсия этилади. Объектни мониторинг қилиш билан бир қаторда ер мониторингини ҳам амалга ошириш объект тўғрисидаги тўлиқ маълумотларни жамлаш имкониятини тақдим этади.

Ер мониторинги ер таркибидаги ўзгаришларни ўз вақтида аниқлаш, ерларга баҳо бериш, салбий жараёнларнинг олдини олиш ва оқибатларини тугатиш учун ср фондининг ҳолатини кузатиб туриш тизимидан иборат. Давлат ер кадастрини юритишни, ердап фойдалапишни, ер тузишни, ер фоъндидап белгиланган мақсадда ва оқилона фойдаланиш устидан давлат назоратини амалга оширишни, ерларни муҳофаза қилишни ахборот билан таъминлаш ер мониторинги асосида амалга оширилади [9]. Ер мониторингини ўтказиш тартиби Ўзбекистон Республикаси Вазирлар Маҳкамаси томонидан белгиланади[3].

Бухоро - жаҳоннинг энг қадимий шаҳарларидан бири бўлиб 1997 йилда шаҳар ўзининг 2500 йиллик юбилейини нишонлади.

Ўзбек тарихчиси А.Муҳаммаджонов фикрича, Бухоро суғдча «Буғоро», яъни «тангри жамоли» деган маънони англатади. Археологик қазишмалар натижасига асосан олимлар ушбу шаҳар эрамизгача бўлган даврда ҳудуднинг иқтисодий ва мадаъний ҳаётида муҳим рол ўйнаган деган хулосага келдилар. Бухоро Хитойдан Римгача олиб борувчи Буюк Ипак йўлининг энг муҳим чорраҳаларидан бирида жойлашган.

VIII асрда бу ерда араб истилоси натижасида Ислом дини жорий этилган. Аста-секин Бухоро энг муҳим диний марказга айланган ва тобора кўпроқ "Бухорои Шариф" деб аташган. Ривожланиш даврида шаҳар бир неча бор

(форслар, араблар, мўғуллар томонидан) вайрон қилинган ва тикланган. Бухоронинг ўзига хос иқтисодий ва маданий ривожланиши Сомонийлар ва Шайбонийлар яшаган даврларга тўғри келади. Ҳозирги Бухоро Ўзбекистоннинг бошқа шаҳарлари сингари эски ва янги шаҳарга бўлинган (1.2.1-расм).

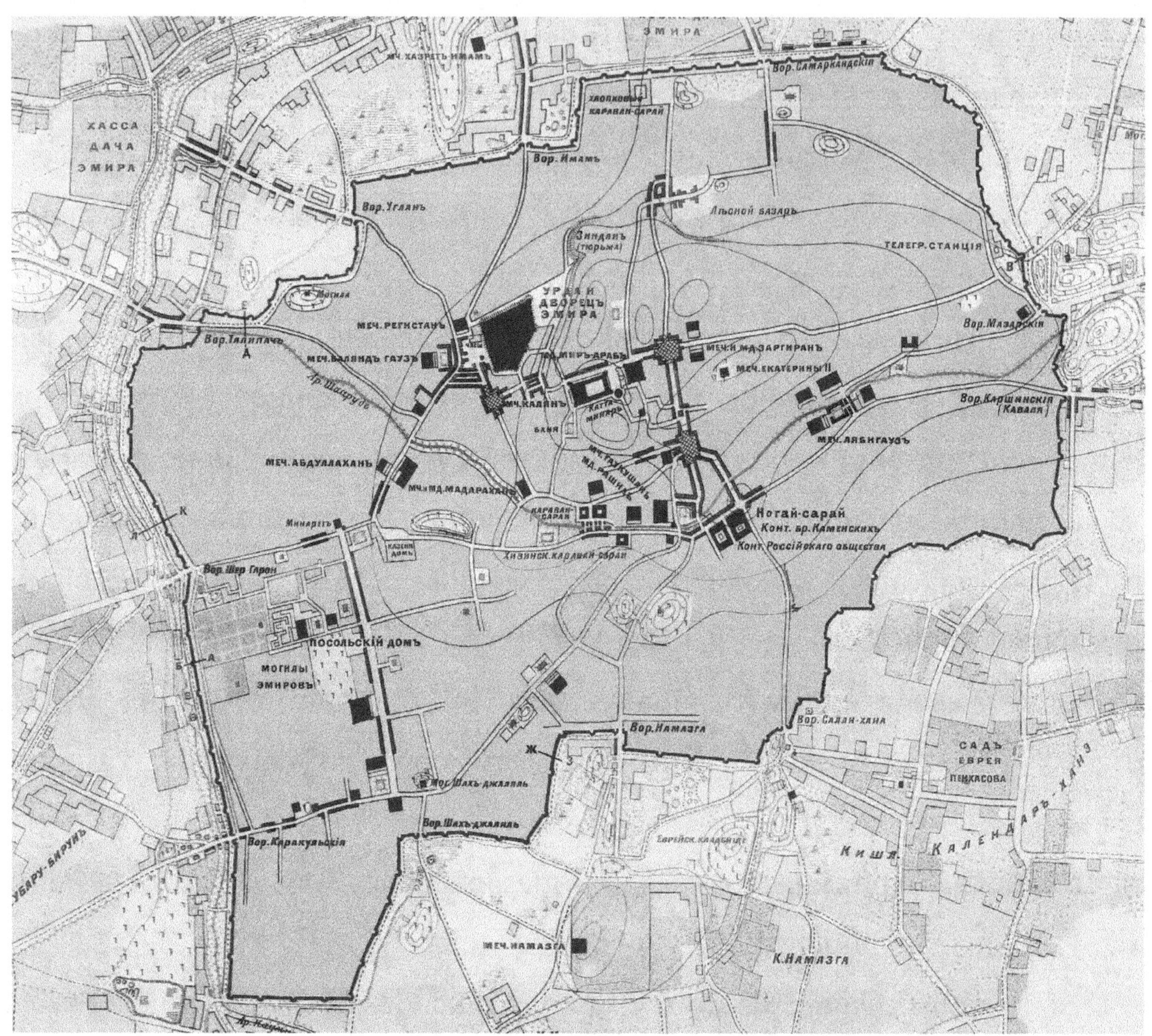

1.2.1-расм. Бухоро шаҳрининг қадимги харитаси
Бухоро вилоят маданий мерос бошқармаси маълумоти.

Агар бошқа жойларда эски шаҳар қисмида фақат тарихий ёдгорликлар бўлиб, ҳеч бир аҳоли яшамагани учун очиқ осмон остидаги музей сифатида қабул қилинса, Бухорода одамлар минг йиллар илгаригидек яшамоқдалар. Бу ҳар бир кишига шаҳарнинг бой тарихини тасаввур қилиш имконини беради. Шаҳарнинг янги қисмида мамурий бинолар, мактаблар, мадрасалар, институтлар ва саноат корхоналари жойлашган.

X асрда қурилган Исмоил Сомоний мақбараси Бухородаги энг қадимий ва чиройли ёдгорликлардан биридир. У ҳозирги пайтда ҳам худди 1000 йил илгаригидек чиройли кўринишга эга. Сомонийлар асли форс бўлган биринчи тожик ҳукмдорларидир (эрамизнинг 875-999 йиллари). Улар пойтахти Бухоро бўлган буюк давлатни барпо этишган. Ўша давр қурилиш, санъат турлари, математика, геометрия, физика сингари аниқ фанларнинг юксак даражада ривожланиши билан характерланади. Бухородаги Исмоил Сомоний мақбараси Бухоро шаҳри ҳудудида аниқ ҳисоб-китобларга асосан қурилган дастлабки бино саналади (1.2.2-расм).

1.2.2 – расм. Бухоро шаҳридаги тарихий Арк қалъаси

* *http://dkm.gov.uz/ru/vozle-kreposti-ark-vysadat-150-derevev*

1.2.3-расм. Бухоро шаҳридаги Мир араб мадрасаси.

* *http://islamsng.com/uzb/gallery/340*

Бутун илм аҳли бу ҳисоб-китоблар қанчалик ўта мантиқий ва шу билан бирга чиройли чиққанига ҳали ҳам ажабланади.

Арк қалъаси юз йиллар давомида Бухоро ҳукмдорларининг расмий яшаш жойи бўлган. Унинг баландлиги 16-20 метр бўлган сунъий тепаликда қурилган. қалъа майдони қарийб 4 гектар. Одамлар кўпинча уни "шаҳар ичида шаҳар" деб аташган, чунки унда одатдаги шаҳарнинг кўчалари ва тор кўчалари, саройлари, масжидлар, устахоналари бор бўлган. Қалъа бир неча бор вайрон қилинган, тамирланган ва тикланган. Кўплаб бинолар 1920 йилги истибдод воқеалари даврида бузилиб кетган.

Пои Калон меморий мажмуи – барча меҳмонлар эътиборини жалб қиладиган жой саналади. Мўғуллар давридан анча илгари, XII асрда барпо этилган Калон Минорасини деярли барча жойдан кўриш мумкин бўлган ҳолда барпо этилган. XVI асрда унинг ёнида Масжиди Калон ва рўпарасида – Мири Араб мадрасаси қурилган [75] (1.2.3-расм).

Мири Араб мадрасаси пропорсияси ва симметрияси туфайли ўзидан кейин қурилган масжидлар учун ҳамиша намуна вазифасини ўтаган. Бўлғуси имомлар таълим олган Мири Араб мадрасаси кўп йиллар давомида собиқ шўролар иттифоқи даврида амал қилган ягона мадраса бўлган. Бухоронинг маркази (XVI-XVII асрлар) Лаби Ховуз – Бухоро аҳли ва меҳмонларининг севимли жойи саналган. Майдон ўртасида катта ҳовуз бўлиб, унинг атрофида турли бинолар барпо этилган бўлиб, улар Кўкалдош мадрасаси, Нодир Девонбеги мадрасаси ва хонақоси саналади. Бу ерда энг эски бино - Кўкалдош мадрасаси. XVI асрда Кўкалдош исмли вазир Бухорода Ўрта Осиёдаги энг катта мадрасани қуриш ҳақида буйруқ берган. Нодир Девонбеги мадрасаси жойлашган ҳудудда карвон сарой қуриш ишлари бошланган. Кейинчалик Нодир Девонбегининг режалари ўзгарган ва карвон сарой мадрасага айлантирилган. Бу салбий оқибатларга олиб келган бу ерда талабалар учун масжид ҳам, маруза зали ҳам бўлмаган – улар кўзда тутилмаган. Лекин бу бино сирланган сопол ва чинни кошинлар билан чиройли безатилган. Бухорода сиз фақатгина шу мадрасанинг пештоғида афсонавий Семурғқуши ва инсон юзи акс етган қуёш тасвирларини кўриш мумкин. Шаҳардан тахминан 4 км ташқарида Бухоро сўнгги амирларининг ёзги саройи жойлашган. Сарой “Ситораи Мохи хосса” – Ой ва юлдузлар ўртасидаги жой деб, шоирона номланган. XIX аср охири ва XX аср бошидаги бойларнинг дидини намойиш қилади. Биноларнинг асосий исми турлича қарашларнинг аралаш услубда қурилган.

Республика бўйича маданий мерос объектлари 2021-йил 1 январ ҳолатига кўра моддий маданий мерос обектлари сони 8 минг 208 тани ташкил этган [3]. Қуйидаги 1.2.1-жадвалда уларнинг ҳудудлар бўйича тақсимланиши кўришимиз мумкин.

Ҳудудлар кесимида маданий мерос объектларининг сони тўғрисидаги маълумотлар

Т/р	Ҳудудлар номи	Объектлар сони, та
1	Самарқанд вилояти	1607
2	Қашқадарё вилояти	1468
3	Бухоро вилояти	829
4	Тошкент вилояти	828
5	Сурхондарё вилояти	561
6	Навоий вилояти	437
7	Жиззах вилояти	427
8	Андижон вилояти	422
9	Фарғона вилояти	376
10	Тошкент шаҳар	354
11	Қорақалпоғистон Республикаси	288
12	Наманган вилояти	274
13	Хоразм вилояти	259
14	Сирдарё вилояти	78

Маданий мерос агентлиги маълумотлари асосида муаллиф томонидан тузилган.

1.2.1-жадвалдаги таҳлилий маълумотларга кўра Бухоро вилоятида маданий мерос объектлари сони бўйича 3 ўринни эгаллаганлигини кўришимиз мумкин. Давлат муҳофазасига олинган моддий маданий мерос кўчмас мулк объектларининг қўриқланадиган тегралари да, алоҳида муҳофаза қилинади [4]. Бухоро вилояти ҳудудидаги мавжуд барча маданий мерос объектлари ўрганишлар натижасида жами 829 та эканлиги маълум бўлиб улар қуйидаги 1.2.2-жадвалда келтирилган.

Бухоро вилоятидаги мавжуд маданий мерос объектлари сони тўғрисидаги маълумотлар

Т/р	Маданий мерос тури	Сони, та	Таснифи
1	Археологик ёдгорликлар	287	
2	Архитектура ёдгорликлари	506	
3	Монументал саънат ёдгорликлари	17	
4	Диққатга сазовор жойлар	19	

Маданий мерос агентлиги маълумотлари асосида муаллиф томонидан тузилган.

Археология ёдгорликлари - археологик тадқикотларнинг объекти бўлиб хизмат қилувчи, ернинг усти ва остида сақланиб қолган қадимги иншоотлар ва буюмлар саналади (1.2.3-жадвал*).

1.2.3-жадвал

«Археологик ёдгорликлар» тематик қатлами ва атрибутив маълумотлари**

Т/р	Объектнинг номи	Объектнинг жойлашган жойи	Ер участкасининг кадастр рақами	Асосий ўлчамлари $м^2$
1	Хўжа Кониддин тепа	Бухоро туман Истиқбол МФЙ Кобдун кишлоғи	20:01:05:01:05:0102	18197
2	Акработ тепа	Бухоро туман Кучкумар МФЙ Кучкумар	20:01:02:01:03:0102	23999
3	Тали Шўрабод тепа	Бухоро туман Кавола Махмуд МФЙ Давлатобод	20:01:03:01:08:0158	23899
4	Работиохун тепа	Бухоро туман Суфикоргар МФЙ Работиохун	20:01:04:01:09:0080	19692
5	Хазрати Эшон Кабудпуш тепа	Бухоро туман Янги Турмуш МФЙ Дейсухта	20:01:06:02:05:0571	15899
6	Хўжа Исмоил тепа	Бухоро туман Янги Турмуш МФЙ Кичикбой	20:01:06:01:01:0108	10619
7	Хазрат Қиз биби тепа	Бухоро туман Кунжи калъа МФЙ Кумработ	20:01:08:02:03:0134	40199

Бухоро вилоят маданий мерос бошқармаси маълумотлари асосида муаллиф томонидан тузилган.

Архитектура ёдгорликлари - фойдаланишдаги мақсад ва вазифалар, замонавий техник имкониятлар ва жамиятнинг эстетик қарашларидан келиб чиқиб бино ва иншоотларни лойиҳалаш ва қуриш санъати. Меъмор инсон ҳаёти ва фаолияти учун зарур фазовий муҳитни тафаккур кучи билан аввал ижодий лойиҳада режалаб, уни амалда юксак дид ва маҳорат билан бунёд этади (1.2.4-жадвал*).

1.2.4-жадвал

«Архитектура ёдгорликлари» тематик қатлами ва атрибутив маълумотлари**

Т/р	Объектнинг номи	Объектнинг ўрнашган жойи	Ер участкасининг кадастр рақами	Асосий ўлчамлари м^2
1	Хўжа Чақмор масжиди	Бухоро туман Лоша МФЙ Чақмоқ	20:01:12:02:02:0093	11559
2	Қавола масжиди	Бухоро туман Қавола Маҳмуд МФЙ Қавола	20:01:03:01:03:0184	13729
3	Тош масжид	Вобкент туман Диёр МФЙ Тошмасжид ахоли пункти	20:02:12:02:04:0028	911
4	Хўжа Абдурахмон ибн Авф масжиди	Вобкент туман Шакаркент МФЙ Оғар ахоли пункти	20:02:02:02:03:0026	8240
5	Қуйи Қўнғирот масжиди	Вобкент туман Бешрабopoт МФЙ Қўнғирот ахоли пункти	20:02:05:04:03:0198	371

Бухоро вилоят маданий мерос бошқармаси маълумотлари асосида муаллиф томонидан тузилган.

Монументал санъатга ҳайкал ва монументлар, биноларнинг ҳайкалтарошлик, рангтасвир, мозайка безаклари, витражлар ва бошқа киради (айрим тадқиқотчилар меъморий обидаларни ҳам Монументал санъатга киритадилар). Меъморлик билан уйғунлашган Монументал санъат ансамблнинг асосий мазмуни ёки шаклига айланади. Бинолар тарзи ва интереридаги мавзули тасвирлар, майдонлардаги ҳайкаллар даврнинг энг умум фалсафий ва ижтимоий ғояларини ўзида акс эттиради, буюк арбоблар ва муҳим воқеаларни абадийлаштиради. Кўтаринкилик, умумаҳамиятга эга ғояларни тасвирлашга интилиш асарга улуғворлик ва мухим шакл бахш этади. Айрим Монументал санъат асарлари меъморликда унинг шаклий ифодалилигини оширади, деворий тўсиклар, тарзлар ва бошқаларнинг эстетик таъсирчанлигини кучайтиради.

Монументал саънат ёдгорликлари - нафис санъат тури, меъморий (айрим ҳолларда табиий) муҳит билан уйғунликда ғоявий образга эга бўладиган асарлар (1.2.5-жадвал*).

1.2.5-жадвал

«Монументал санат ёдгорликлари» тематик қатлами ва атрибутив маълумотлари**

Т/р	Объектнинг номи	Объектнинг жойлашган жойи	Ер участкасининг кадастр рақами	Асосий ўлчамлари м^2
1	А.Дониш бюсти	Бухоро шахар Аҳмад Дониш МФЙ М.Иқбол кўчаси	20:12:01:56:01:0469:0 015	4
2	Ф.Хўжаев бюсти	Бухоро шахар Аҳмад Дониш МФЙ М.Иқбол кўчаси	20:12:01:56:01:0469:0 022	4
3	Алишер Навоий бюсти	Бухоро шахар Аҳмад Дониш МФЙ М.Иқбол кўчаси	20:12:01:56:01:0469:0 019	4
4	"А.С.Пушкин " бюсти	Бухоро шахар Аҳмад Дониш МФЙ М.Иқбол кўчаси	20:12:01:56:01:0469:0 016	4
5	Беруний бюсти	Бухоро шахар Аҳмад Дониш МФЙ М.Иқбол кўчаси	20:12:01:56:01:0469:0 020	4
6	А.Фитрат бюсти	Бухоро шахар Аҳмад Дониш МФЙ М.Иқбол кўчаси	20:12:01:56:01:0469:0 017	4

**Бухоро вилоят маданий мерос бошқармаси маълумотлари асосида муаллиф томонидан тузилган.*

Монументал санъат асарлари буюк ғоявий мазмуни ва аҳамияти билан ажралиб туради ҳамда қатъий умумлашма шаклга эга бўлиб, узоқ муддатга чидамли хом ашёлардан яратилади. Омма орасида муҳим ижтимоий ғояларни тарғиб қилади ва тарқатади.

Диққатга сазовор жойларга - инсон ва табиат ижодининг муштарак маҳсули, шунингдек тарихий, археологик, шаҳарсозлик, эстетик, этнологик ёки антропологик қимматга эга бўлган ҳудудлар, шу жумладан халқ ҳунармандчилиги масканлари, тарихий манзилгоҳлар ёки шаҳарсозлик тарҳи марказлари ва тарихий (шу жумладан ҳарбий) воқеалар, ёдгорликлар, атоқли тарихий шахсларнинг ҳаёти билан боғлиқ бўлган иморатлар, хотира жойлари, табиий ландшафтлар, шунингдек кўҳна шаҳарлар, шаҳристонлар, манзилгоҳлар, қароргоҳлар иморатларининг маданий қатламлари, қолдиқлари, маросимлар бажо этиладиган жойлар киради (1.2.6-жадвал*).

1.2.6-жадвал

«Диққатга сазовор жойлар» тематик қатлами ва атрибутив маълумотлари**

Т/р	Объектнинг номи	Объектнинг жойлашган жойи	Ер участкасининг кадастр рақами	Асосий ўлчамлари м^2
1	Хўжа Ахмадий Парон кабри	Бухоро шахар Хамид Олимжон МФЙ Хақиқат кўчаси	20:12:01:08:01:0861	42
2	Абдуллои Сафед Муй кабри	Бухоро шахар Истиқбол МФЙ Т.Фароғий кўчаси	20:12:01:47:01:0110	101
3	Мир Поянда Мухаммад Шояхсий Файзиободий кабри	Бухоро шахар А.Фуркат МФЙ Низомий кўчасида	20:12:01:03:01:0677	200
4	Шайх Сайфиддин Боҳарзи қабри	Бухоро шахар Шайхул Олам МФЙ Кўксарой кўчаси	20:12:01:24:01:0944	186

Бухоро вилоят маданий мерос бошқармаси маълумотлари асосида муаллиф томонидан тузилган.

Бухоро вилоятидаги маданий мерос объектлари таснифидан келиб чиқиб ҳудуддаги объектларни мониторинг қилиш натижасида изланувчи томонидан вилоятдаги жами 14 та йирик маданий мерос объектлари ўрганилди. Унга кўра 2 та археология ёрдгорлиги, 5 та архитектура ёдгорлиги, 5 та диққатга сазовор жойлар ва 2 та монументал ёдгорлик обидалари таҳлил қилинган. Мониторинг ишлари монографик тадқиқот усуллари асосида олиб борилган бўлиб, жойлардаги тегишли ахборотлар ва суруштирув ишлари натижасида тарихий обидаларнинг геомаълумотлар базаси учун атрибутив маълумотлари тўпланди. Тўпланган натижалар ва монографик тадқиотлар натижасига кўра 14 та тарихий обидаларининг схематик картаси шакллантирилди (1.2.4-расм). (1-илова)

Т/р	Объект номи	Объект тури
1	Варахшо Қўрғони	Археологик ёдгорлик
2	Қиз - биби	Археологик ёдгорлик
3	Абдухолиқ Гиждувоний	Архитектура ёдгорлиги
4	Баҳоуддин Нақшбанд ҳазратлари	Архитектура ёдгорлиги
5	Арк Қўрғони	Архитектура ёдгорлиги
6	Минораи Калон	Архитектура ёдгорлиги
7	Лаби ховуз	Архитектура ёдгорлиги
8	Хўжа Ориф Ар - Ревгарий	Диққатга сазовор жой
9	Хўжа Махмуд Анжир Фагнавий	Диққатга сазовор жой
10	Хўжа Али Ромитаний	Диққатга сазовор жой
11	Хўжа Мухаммад Бобойи Самосий кабри	Диққатга сазовор жой
12	Хўжа Саййид Амир Кулол	Диққатга сазовор жой
13	Насриддин Афанди хайкали	Монументал ёдгорлик
14	Абу Али Ибн Сино хайкали	Монументал ёдгорлик

1.2.4-расм Бухоро вилояти маданий мерос объектларининг схематик харитаси

Муаллиф томонидан ишлаб чиқилган

Туризм соҳасини иқтисодиётнинг стратегик тармоғига айлантириш, бу борада бир қатор муҳим чора-тадбирлар қаторида ЮНЕСКОнинг Умумжаҳон моддий маданий мероси ва номоддий маданий мероси рўйҳатига Ўзбекистондаги янги объектларни киритишни тезлаштириш вазифаси ҳам қўйилган. Бугунги кунда юртимизнинг моддий ва номоддий меросларини ЮНЕСКО рўйхатига киритиш режалаштирилган бўлиб, ҳозирда ЮНЕСКОнинг умумжаҳон рўйхатидаги моддий маданий мерослар сони 1121 тани ташкил этади [91].

Мазкур рўйхатда Ўзбекистон Республикасидан 4 та маданий мерос объектлари киритилган (1.2.7-жадвал).

1.2.7-жадвал

ЮНЕСКОнинг умумжаҳон рўйхатидаги моддий маданий мерослари

№	Маданий мерос объектлари номи	Тавсифи
1	Ичан қалъа (1990 йилда)	
2	Бухоро шаҳрининг тарихий қисми (1993 йилда)	
3	Шаҳрисабз шаҳрининг тарихий қисми (2000 йилда)	

| 4 | Самарқанд шаҳри (2001 йилда) |  |

ЮНЕСКО томонидан таъсис этилган рўйхатга маданий мерос объектларини киритишда дастлаб объектнинг топографик жиҳатдан тадқиқ этиш орқали харитасини йирик масштабларда яратиш ва геомаълумотлар базасини юқори савияда шакллантириш талаб этилади [101]. Тадқиқотимизда Бухоро вилоятидаги маданий мерос объектларини келажакда ЮНЕСКО руйхатига кириш эҳтимолидан келиб чиқиб топографик жиҳатдан тадқиқ этиш орқали геомаълумотлар базасида рақамли картасини яратиш мақсади илгари сурилган. Маданий мерос объектларини мониторинг қилиш асосида белгиланган вазифаларни бажариш саналади. Тадқиқотлар жараёнида мониторинг натижаларига кўра Бухоро вилоятидаги мавжуд маданий мерос объектлар жами 829 та бўлиб, улардан, 287 таси археологик ёдгорликлари, 506 таси архитектура ёдгорликлари, 17 таси монументал саънат ёдгорликлари ва 19 таси диққатга сазовор жойлар эканлиги аниқланди.

1.3. Маданий мерос объектларини давлат кадастрини юритиш бўйича хорижий тажрибалар

Ўзбекистон Республикасининг ижтимоий-иқтисодий барқарорлигини таъминлаш, мавжуд бозор муносабатларини янада чуқурлаштириш, иқтисодиётни модернизация қилиш тизимида мамлакатни 2022 - 2026 йилларга мўлжалланган ривожлантириш бўйича тараққиёт стратегияси муҳим амалий аҳамият касб этади. Бундан кўзланган асосий мақсад олиб борилаётган ислоҳотлар самарасини янада ошириш, давлат ва жамият ривожини янги босқичга кўтариш, ҳаётнинг барча соҳаларини либераллаштириш, республикадаги барча соҳаларни модернизация қилиш бўйича энг устувор йўналишларни амалга оширишдан иборат [8]. Бугунги кунда мамлакатимизда Маданий мерос объектлари 2 та тоифага бўлинади (1.3.1- расм).

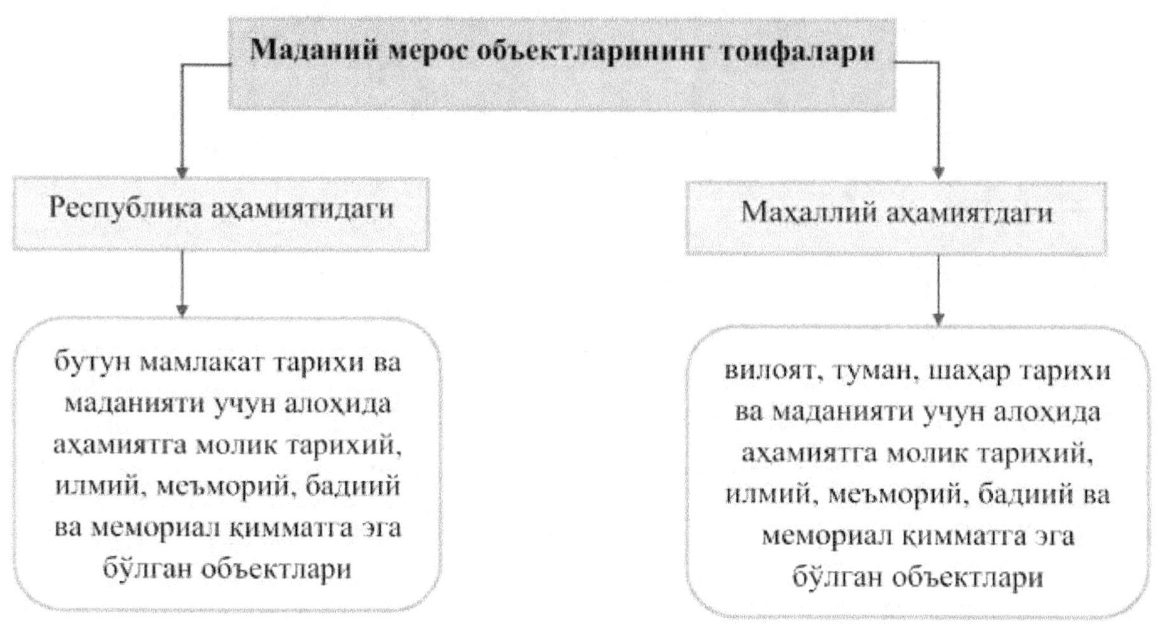

1.3.1- расм Маданий мерос объектларининг тоифалари

Бухоро вилояти маданий мерос бошқармаси маълумоти асосида муаллиф томондан ишлаб чиқилди

Маданий мерос объектлари давлат кадастрларини юритиш ҳамда уларни геодезик, картографик таъминлаш, электрон рақамли карталарни яратиш ва янгилаш бўйича комплекс чора-тадбирларни амалга ошириш, жумладан "Маданий мерос объектлари давлат кадастри"ни географик координаталар тизими асосида жойлашуви бўйича низом[4]да белгиланган талабларга кўра атрибутив маълумотлар жадвалларини тўлдириш бўйича Давлат кадастрлари палатаси томонидан кенг қамровли ишлар амалга оширилмоқда. Хусусан 2022-2026 йилларда Ўзбекистон Республикасини янада ривожлантириш бўйича Тараққиёт стратегиясининг Давлат дастуридаги 76 бандига мувофиқ «Ўзбекистон Республикадаги маданий мерос объектларини сақлаш, реставрация ва консервация қилиш билан боғлиқ комплекс тадбирларни амалга ошириш ва географик ахборот тизимини яратиш[5]» вазифаси белгиланган [5]. Мазкур вазифани амалга ошириш, жумладан модернизация қилиш ва Давлат дастуридаги банд талаблари ижросини таъминлаш мақсадида "Маданий мерос

---

[4] https://lex.uz/docs/-285207?ONDATE=15.05.2017
[5] https://lex.uz/uz/docs/5841063

объектлари давлат кадастри”нинг геоахборот тизимини яратиш ва шакллантириш ҳамда Маданий мерос объектлари давлат кадастрининг геомаълумотлар базасини шакллантириш услубини такомиллаштириш муҳим аҳамият касб этмоқда [8].

Республикамизда олиб борилаётган ислоҳотлар ва уларнинг амалиётга татбиқ этилиши, хусусан, объектларни давлат кадастлари рўйхатидан ўтказиш шунингдек маданий мерос объектларини давлат кадастрини юритиш ва рўйҳатдан ўтказишга алоҳида эътибор қаратилиши ўзининг ижобий натижаларини бермоқда. Бу борада маданий мерос объектларини асраш, кейинги авлодга қолдириш, уларни ҳимоя қилиш ҳамда мақсадли фойдаланишни таъминлаш бугунги куннинг долзарб вазифаларидан бири бўлиб ҳисобланади.

Олиб борилган тадқиқотлар шуни кўрсатадики, Ўзбекистон Республикаси Давлат солиқ қўмитаси ҳузуридаги Кадастр агентлиги ва Давлат кадастрлари палатасининг 2022 йилдаги ҳисоботига кўра, Ўзбекистон Республикаси бўйича 8210 та маданий мерос объектлари мавжуд. Шундан археологик ёдгорликлари 4797 та, архитектура ёдгорликлари 2266 та, монументал санат ёдгорликлари 617 та, диққатга сазовор жойлар 530 тани ташкил этади. Мазкур маданий мерос объектларининг жами 8210 та объектидан 2984 таси геомаълумотлар базасида шакллантирилганлиги тадқиқотлар натижасида аниқланди (1.3.2-расм).

Бу кўрсакич умумий ҳисобга кўра 36% маданий мерос объектлари геомаълумотлар базасида шакллантирилганлигини кўрсатади. Шу сабабли илмий тадқиқот ишимизда мазкур кўрсаткични 100% га етказиш учун маданий мерос объектлари давлат кадастрини юртиш механизмини соддалаштириш орқали геомаълумотлар базасини шакллантириш услубини такомиллаштиришга қаратилган.

Республикамиздаги мавжуд маданий мерос объектларининг айримларида топографик-геодезик асоси бўлмаганлиги сабабли уларни геомаълумотлар базасида шакллантириш кўрсаткичи пастлигини кўришимиз мумкин. Мавжуд топографик-геодезик асослар талаб даражасида шакллантирилмаган. Масалан, майда масштабларда шакллантирилганлиги, давлат координаталар тизимига боғланмаганлиги ва 2000-2010 йиллардаги эски топографик-геодезик асоси мавжудлиги билан изоҳланади. Шу каби бошқа муаммоларни бир қатор маҳаллий олимларимиз ҳам ўз тадқиқотларида кузатишган.

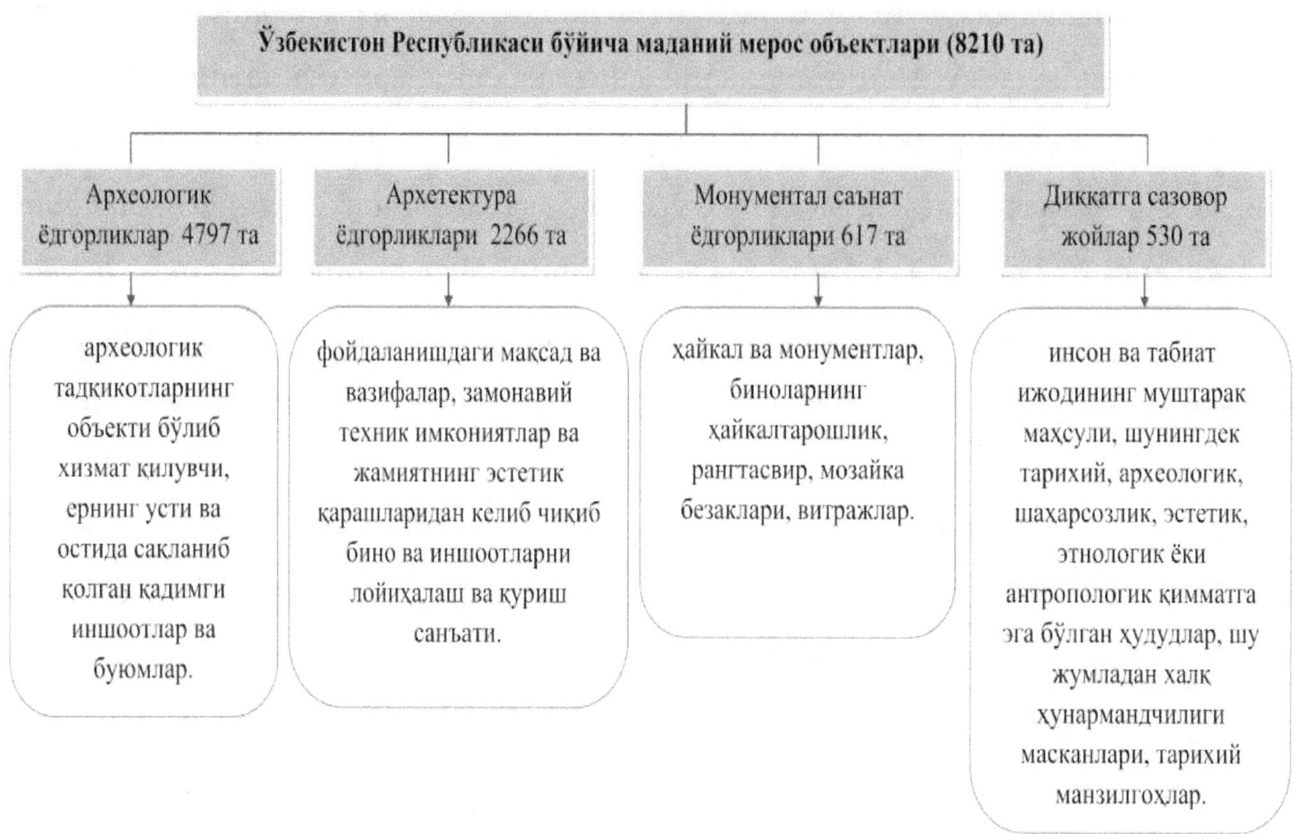

1.3.2- расм Маданий мерос объектлари турлари

Бухоро вилояти маданий мерос бошқармаси маълумоти асосида муаллиф томондан ишлаб чиқилди

Қ.Рахмонов, И.Ихлосов, Д.Ризаева ва Ф.Худойбердиевлар томонидан моддий маданий мерос объектларининг давлат муҳофазасини ҳамда улардан оқилона фойдаланишни таъминлаш мақсадида юритиш бўйича тавсиялар берилган [38,74,60]. Бир қатор маҳаллий олимларнинг [38,74,60] фикрича маданий мерос объектларини давлат томонидан муҳофаза қилиш бу маданий мерос объектларини муҳофаза қилиш ва улардан фойдаланиш соҳасида давлат бошқарувини амалга оширувчи органлар томонидан кўриладиган ҳуқуқий, ташкилий, молиявий, ахборотга доир, моддий-техникавий ва бошқа чора-тадбирлар тизими эканлиги таъкидланган. Муаллиф томонидан ўтказилган изланишлар таҳлили маданий мерос объектларини миқдор ва сифат жиҳатидан юритишда топографик-геодезик дала тадқиқотларини олиб борилиши юқори савияда ташкил этилиши кераклигини кўрсатади. Бугунги кунга қадар маданий мерос объектларини топогрфик-геодезик жиҳатдан тадқиқ этишда эса обекътларни схематик ёки шартли координаталар тизими асосида шакллантирилиб келинаётганлиги аниқланди.

Топографик-геодезик ва картографик ишлар иқтисодиёт тармоқларининг барча тармоқларига қарашли бўлган давлат ҳамда хусусий корхоналар томонидан жуда кенг миқиёсда бажарилади. Топографик-геодезик ишлар ишлаб чиқаришнинг маҳсулотлари маълум бир муайян техник топшириқнинг талабини қондиришга йўналтирилган. Барча тармоқ корхоналари томонидан бажарилаётган топографик-геодезик ва картографик ишларнинг технологик жараёнлари ҳамда уларга қўйилган техник талаблар мутаносиб бўлиши лозим.

Топографик-геодезик ишлар маданий мерос объектларини тадқиқ этиш билан саноат соҳасидаги тадқиқолардан бутунлай фарқ қилиб, буларга қуйидагиларни киритиш мумкин:

1.Топографик-геодезик дала ишлари турли физик-географик ҳамда климатик шароитда, чекланган дала ишлари мавсумида бажарилади ва бу шароитлар ҳар йили ўзгариб туради.

2.Ҳар йили ташкилий ва тугатиш тадбирларини бажариш талаб қилинади.

3.Топографик-геодезик ишларнинг таннархи иш олиб борилаётган туман физик-географик шароитига боғлиқ бўлади.

4.Топографик-геодезик ишлар асосап давлат бюджети ҳамда хўжалик шартномалари асосида молиялаштирилади.

5. Объектларда ишлаб чиқариш хусусияти ва зичлигига қараб иш давомийлиги ҳар хил бўлади.

Топографик-геодезик ишларпи геодезик, гравиметрик, тасвирга олиш ва картографик иш турлари ташкил қилади.

Топографик-геодезик тадқиқотлар натижасида бугунги кунга қадар маданий мерос бошқармалари томонидан қўл мехнати ёрдамида схематик карталар яратилиб келинган ва шу схема асосида давлат рўйҳатидан ўтказилган (1.3.3-расм).

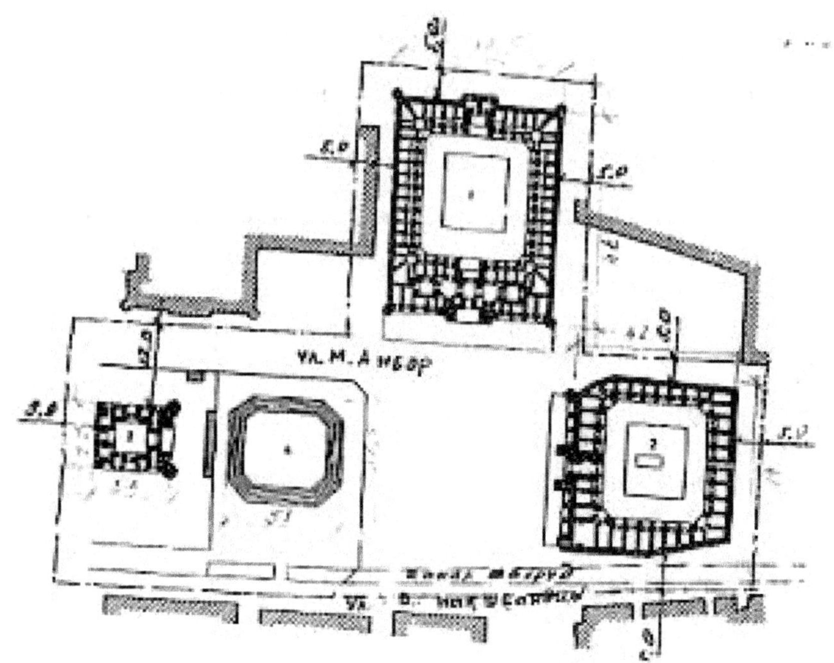

1.3.3-расм. Лаби - ҳавуз ансамбилининг схематик кўринишдаги топографик плани

Бухоро вилояти маданий мерос бошқармаси маълумоти

Маданий мерос объектларини, ҳалқаро ташкилотлар томонидан жорий этилган лойиҳалар асосида қайта тиклашда ёки ЮНЕСКОнинг таъсис этган рўйхатига киритилишидагина Кадастр агентлигининг малакали мутахассислари кўмагида юқори аниқликдаги топографик-геодезик ишлар олиб борилганлиги изланишлар мобайнида аниқланди (1.3.4-расм).

1.3.4-расм. Бухоро вилояти Бухоро шаҳридаги маданий мерос объектларининг плани

Бухоро вилояти маданий мерос бошқармаси маълумоти

Маданий мерос объектларининг топографик плани тузилгач давлат руйхатидан ўтказиш учун кадастр паспорти шакллантирилади. Сўнгра, маданий мерос объектини муҳофаза қилиш мазмунидан иборат маълумотлар ва объектнинг тавсифлари кадастр паспортига киритилади.

Маданий мерос объектини давлат кадастридан чиқариш, агар объект жисман тўла йўқотилган бўлса ёки маданий мерос объекти сифатидаги ўз қимматини йўқотган бўлса, тарихий-маданий экспертиза хулосаси асосида Ўзбекистон Республикаси Туризм ва маданият мерос вазирлиги томонидан амалга оширилади. Маданий мерос объектини давлат кадастри рўйхатидан чиқариш тўғрисидаги қарор оммавий ахборот воситаларида эълон қилинади.

Юқорида берилган маълумотлар, услублар ва илмий изланишларни таҳлил қилиш республикамизда юритилаётган ер соҳасини назарий, услубий ва амалий жиҳатдан ривожлантириш имконини беради. Хорижий мамлакатларда Маданий мерос объектлари давлат кадастр тизимининг юритишда тажрибалари ўрганилиб, қуйидаги хулосалар берилди.

Бутун дунёда, айниқса, иқтисодий ривожланган мамлакатларда маданий мерос объектлари асраб авайланади ёки қайта тикланади, улар ҳар қандай халқнинг тарихи ва манавиятининг мезони ҳисобланади. Аҳоли ўртасидаги турли гуруҳлари ўтмиш ёдгорликларини турлича баҳолайдилар, бинони бузиш масаласи жамоатчилик норозилигига сабаб бўлади. Бу атроф-муҳитни муҳофаза қилиш ва маданий меросни сақлаш анча янги ҳодиса эканлиги билан изоҳланади.

Соҳага тегишли илмий адабиётлар таҳлили шуни кўрсатадики, маданий мерос объектлари давлат кадастрлари карталарини шакллантириш бўйича чет эл олимлари Маслаков А.А., Кавешников М.Б., Герасимова Н.В., Аляутдинов А.Р., Лурье И.К., Осокин С.А., Архипенко О.П., Зуйков В.С., Кошкарев А.В., Ряховский В.М., Серебряков В.А. томонидан илмий тадқиқот ишларии олиб борилган [33; 57. б. 140-147. 46; б. 28-33. 58; 19; б. 221-225. 94; б. 5681-5685 47; б. 8-25. 48; б. 61-73.].

Маданий мерос объектларини геофазовий боғлаш, атрибутив маълумотлар жадвалларини тўлдириш, маданий мерос объектларини геомаълумотлар базасида шакллантиришнинг назарияси ва услубиятини яратиш бўйича тадқиқотлар чет эл олимларидан Миронова Ю.Н., Осокин С.А., Павлов Э.А., Робинсон Б.В. ва Саранча М.А. томонидан олиб борилган [59; б 39-42. 71; 73; б. 70-72. 79; б. 63-71, 88.].

Россияда Бугунги кунда келиб 193 та давлат ЮНЕСКО конвенцияси иштирокчиси ҳисобланади. У томонидан тузилган Жаҳон маданий ва табиий мероси рўйхатига 167 та мамлакат жойлашган бўлиб, 1121 та объект киритилган. Россия бу борада тўққизинчи ўринни эгаллайди ва унинг 11 та табиий, 19 та маданий объектга эга эканлиги аҳамиятлидир. Бу Россия салоҳиятининг нисбатан кичик қисмини акс эттиради [56]. Тарихий ва маданий мерос обектлари давлат кадастри географик ахборот тизими (ГАТ) дастурлари ёрдамида олиб борилмоқда. ГАТ дастурларидан фойдаланиб объектларнинг рақамли картографик таъминоти ва ушбу маълумотларни таҳлил қилиш жараёнлари орқали амалга оширилмоқда [23] (1.3.5-расм).

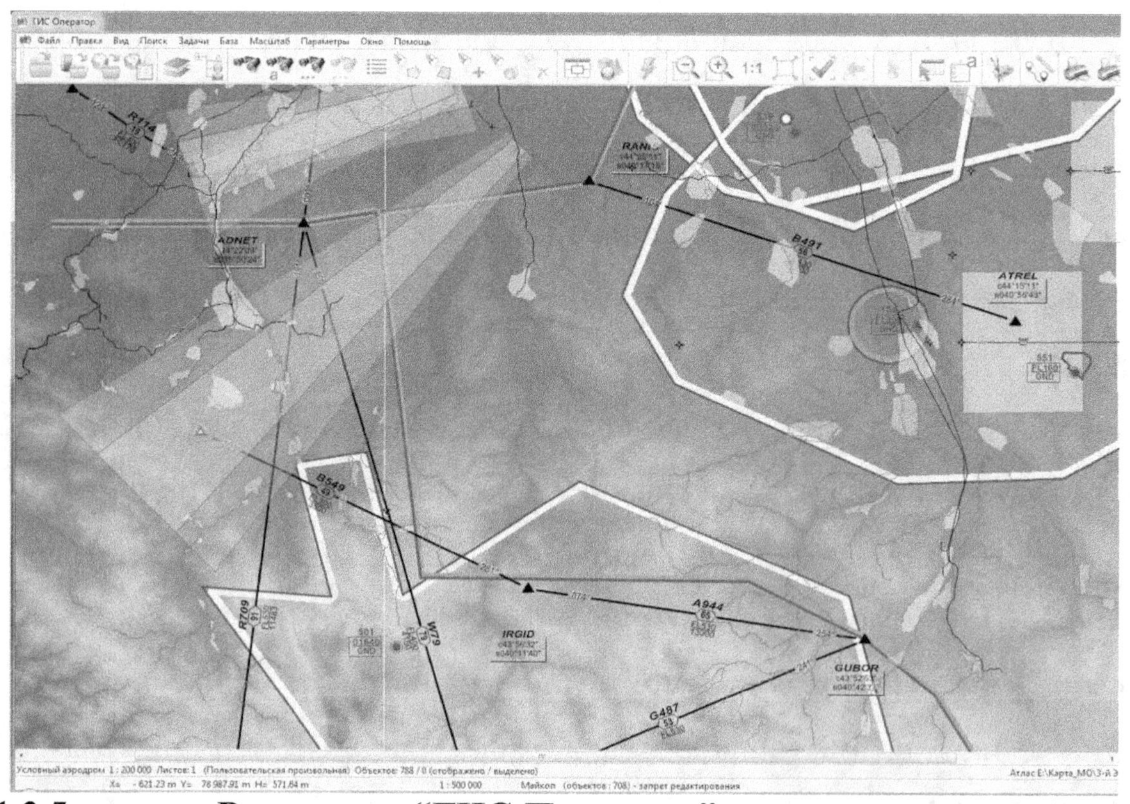

1.3.5-расм. Россияда "ГИС-Панорама" дастуридан фойдаланиб тузилган рақамли картаси
https://gisinfo.ru/products/gisoperator.htm

Тарихий ва маданий мерос объектлари турлари ва тоифалари қуйдагича келтирилган [92] (1.3.6-расм).

1.3.6- расм Тарихий ва маданий мерос объектлари турлари ва тоифалари

https://cyberleninka.ru/article/n/stanovlenie-i-razvitie-sistemy-kadastrovogo-ucheta-i-ohrany-obektov-istoriko-kulturnogo-naslediya-v-rossii-1

Туркияда Маданий мерос объектлари ҳақидаги маълумотлари таснифини 1995 йилда Ракос томонидан ишлаб чиқилган (1.3.7-расм).

2006 йилда келиб Кларк томонидан тоифаларга ажратилган (1.3.8-расм). да кўриниб турганидек, бу тоифаларда асосий маълумотлари, атрибут маълумотлари, маъмурий маълумотлар ва лойиҳа - тадқиқот маълумотлари сифатида тушунтирилади ва ҳар бир маданий мерос объект маълумотлар элементлари сони билан янгиланиб борилади [36].

1.3.7-расм Туркиядаги маданий мерос объектларининг таснифи
* *http://www.openaccess.hacettepe.edu.tr:*

1.3.8-расм Туркиядаги маданий мерос объектларининг тоифалари
* *http://www.openaccess.hacettepe.edu.tr:*

Маданий бойликларни бошқаришда дуч келадиган яна бир тушунча "етим асарлар" деб аталган маданий бойликлардир. Муаллифлик ҳуқуқи билан ҳимояланган асарларни жамоатчилик билан баҳам кўришда қонуний тўсиқлар мавжуд бўлиб, уларнинг ҳукуқ эгаларини аниқлаш ёки бирон-бир сабабга кўра улар билан боғланиш мумкин эмас. Етим асарлар сифатида белгиланган маданий мерос объектларнинг жамият манфаатларини ҳисобга олган ҳолда келажак авлодларга етказилишини таъминлаш мақсадида халқаро муҳитда турли меъёрий-ҳукуқий ҳужжатлар жорий этилмоқда [36].

Мадний мерос объектларини Openheritage3D веб-сайтда интернетга асосланган платформаларда ўзини намоён қилади. Бу партал орқали маданий мерос объектлари ҳақидаги маълумотлар тўплами мавжуд бўлиб, бу объект тўғрисидаги маълумотларни аниқлаш имконини беради (1.3.9-расм).

1.3.9-расм. Туркиядаги маданий мерос объектларининг веб-сайтида платформаси
** https://openheritage3d.org/*

Италияда Маданий мерос объектларини бошқаришнинг контцептуал архитектураси геомаълумотлар базаси дизайни ёрдамида ишлаб чиқилган. Шу сабабли, геомаълумотлар базасини лойиҳалаш географик ахборот тизими иловалари орқали ишлаб чиқилмоқда. Италияда маданий меросни бошқаришнинг ҳудудий принципи амал қилади, Италия маданий қадриятлари тарихий ва маданий аҳамиятга эга бўлган тоифаларга бўлинмайди ва федерал марказ ва минтақалар ўртасидаги муносабатларнинг ҳукуқий томони расмийлаштирилади. Италияда Маданий мерос вазирлиги тузилиб, унинг таркибида маданий меросни давлат муҳофазаси бўйича махсус бўлим (бош бошқарма) мавжуд. Италия кодексида вилоятлар, метрополитен шаҳарлар, вилоятлар ва муниципалитетлар ҳам маданий мероснинг сақланишини таъминлайди ва қўллаб-қувватлайди. Ундан оммавий фойдаланиш ва яхшилашни рағбатлантиради. Тўғридан-тўғри бошқарув тегишли илмий, ташкилий, молиявий ва бухгалтерия мустақиллиги билан жиҳозланган ва тегишли техник ходимлар билан таъминланган маъмурият таркибидаги ташкилий тузилмалар орқали амалга оширилади. Бундан ташқари, 1969 йил 3 майда Италияда, Италия полициясининг махсус бўлинмаси - миллий маданий меросни ҳимоя қилиш бўйича махсус хизмат ташкил этилган. Бу Карабинери қўшинларининг бир қисми бўлган корпус ҳисобланади. Маданий мерос соҳасидаги ҳуқуқбузарликларнинг хавфсизлиги, ҳимояси билан шуғулланади [56]. Италияда мерос объектларини аниқлаш 3 босқичда амалга оширилади (1.3.10-расм).

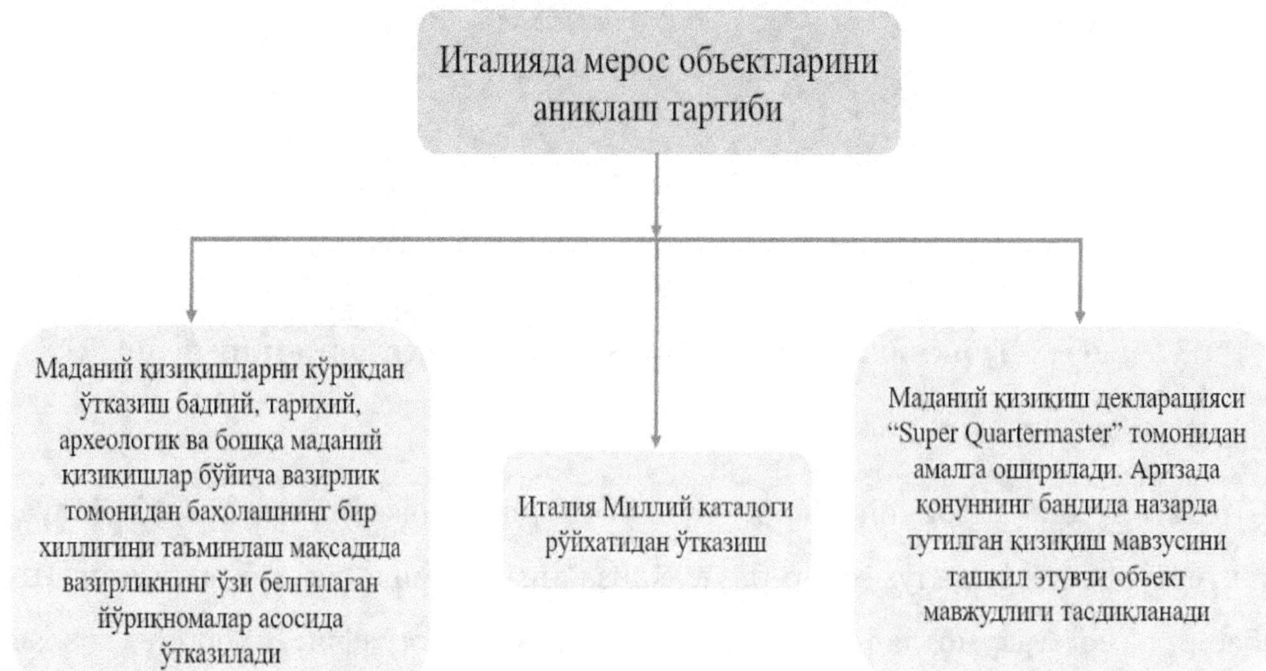

1.3.10-расм Италияда мерос объектларини аниқлаш босқичлари

** https://www.google.com/search*

Италия ҳукумати томонидан давлатдаги мавжуд 15 та тарихий обидаларнинг геопорталини веб-платформада яратилганлигини кўришимиз мумкин. Лекин тарихий обидаларнинг виртуал турини яратишга катта аҳамият қаратишмаган. Шундай бўлсада тарихий обидаларни кўриш учун дунёнинг турли қитъаларидан сайёҳлар ташрифи бўйича дунёда биринчи ўринда туради. Мамалакатга ташриф буюрувчилар асосан "Google Maps" веб-порталидаги хариталардан фойдаланиб олдиндан тарихий обидалар билан танишиши ёки виртуал тури орқали масофадан сайёҳат қилишлари мумкин (1.3.11-расм).

1.3.11-расм. Италиядаги тарихий обидаларнинг "Google Maps" веб-портали

Францияда Францияда мерос кодексида белгиланишича маданий мерос, деганда кўчмас ёки шахсий, давлат ёки хусусий мулкка тегишли бўлган, тарихий, бадиий, археологик, эстетик, илмий ёки техник қизиқиш тушунилади. Шунингдек, у 2003 йил 17 октябрда Парижда қабул қилинган Номоддий маданий меросни муҳофаза қилиш тўғрисидаги халқаро конвенциянинг 2-моддаси маъносида номоддий маданий мерос элементларини ҳам ўз ичига олади. ЮНЕСКО маълумотларига кўра, маданий мерос атамаси мероснинг бир нечта асосий тоифаларини ўз ичига олади [45] (1.3.12-расм).

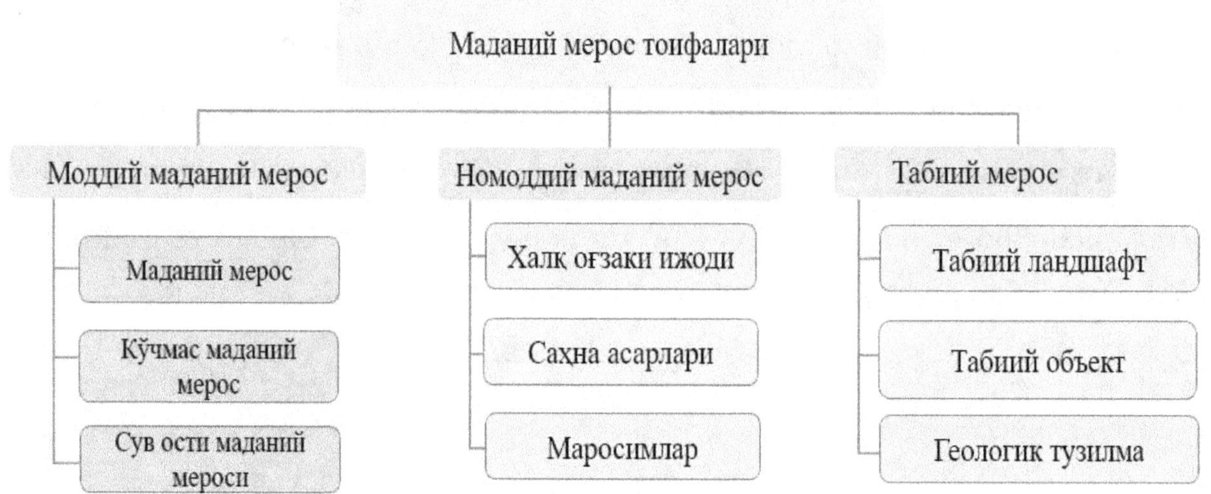

1.3.12-расм. Франция Маданий мерос тоифалари
** https://www.vie-publique.fr/politiques-publiques/politique-patrimoine/chronologie/*

2019-йилда ишга туширилган француз маданий мерос объектларини POP платформаси орқали бошқарилади. Бунда маданий мерос бойликларини ҳужжатлаштирувчи 3,7 миллионга яқин ёзувларни бирлаштирадиган расмлар, ҳайкаллар, архитектура, санъат асарлари, фотосуратлар, ёритгичлар рўйхатга олинган. Бугунги кунда Франция ҳукумати томонидан давлатдаги мавжуд маданий мерос объектларининг геопортали яратилган бўлиб, унда 12 та категория бўйича тарихий обидаларнинг галереяси шакллантирилган.

Маданий мероснинг умумий инвентаризациясининг ҳудудий бўлимлари томонидан ўрганилган, замонавий архитектура объектларини POP платформаси орқали ҳар куни босқичма-босқич бойитиб боришмоқда (1.3.13-расм).

1.3.13-расм. Франция давлатидаги маданий мерос объектларининг геопортали

Бугунги кунда маданий мерос объектларини сайёрага намоён этиб келаётган дунё рейтингида кучли 10 таликка кирувчи давлатлар рўйхати шакллантирилган бўлиб, унда Италия, Франция, Хитой, Греция, Тайланд, Испания, Туркия, Миср, Ҳиндистон ва Германия каби мамлакатлар ўрин олишган.

<h3 align="center">Биринчи боб хулосаси</h3>

Маданий мерос объектлари давлат кадастрининг шакллантиришнинг назарий асослари ва хорижий тажрибалар таҳлил қилиниб, қуйидаги хулосаларга келинди:

1. Ўзбекистон Республикаси бўйича 8210 та маданий мерос объектлари мавжуд. Шундан археологик ёдгорликлари 4797 та, архитектура ёдгорликлари 2266 та, монументал санат ёдгорликлари 617 та, диққатга сазовор жойлар 530 тани ташкил этади. Мазкур маданий мерос объектларининг жами 8210 та объектидан 2984 таси геомаълумотлар базасида шакллантирилганлиги мониторинг қилиш натижасида аниқланди;

2. Геомаълумотлар базасида маданий мерос оъектлари умумий ҳисобга кўра 36% шакллантирилганлигини аниқланиб, уни 100% га етказиш учун маданий мерос объектлари давлат кадастрини юртиш механизмини такомиллаштирилди;

3. Ривожланган хорижий мамлакатлар тажрибаси ўрганилиб, республикамизда маданий мерос объектларининг веб-платформасини яратиш ва туризм соҳасини ривожлантириш стратегияси ишлаб чиқилди.

II-БОБ. МАДАНИЙ МЕРОС ОБЪЕКТЛАРИ ДАВЛАТ КАДАСТРИНИНГ ГЕОАХБОРОТ БАЗАСИНИ ШАКЛЛАНТИРИШ ТАЪМИНОТИ

2.1. Маданий мерос объектлари давлат кадастрнинг атрибутив маълумотларини шакллантириш асослари

Маданий мерос объектларининг мавзули қатламларини вектор кўринишида шакллантириш учун низомда[6] келтирилган талаблар асосида амалга оширилди. Низом талабларига кўра маданий мерос объектлари давлат кадастри жами 4 та мавзули қатламлар асосида шакллантирилиши белгиланган бўлиб, улар **архитектура ёдгорликлари, археологик ёдгорликлар, монументал санъат ёдгорликлари ва диққатга сазовор жойлар** саналади. Мазкур белгиланган мавзули қатламларнинг атрибутив устунларини тўлдириш учун жойларда монографик суриштирув ишлари олиб борилган бўлиб, унга кўра архитектура ёдгорликлари учун 18 та устун, археологик ёдгорликлар учун 15 та устун, монументал санъат ёдгорликлари учун 17 та устун ва диққатга сазовор жойлар учун 16 та устун ахборотлар асосида тўлдирилиши талаб этилади [13; 76-77-б.].

Монографик тадқиқот ишлари натижасида архитектура ёдгорликлари номли мавзули қатлам учун атрибутив маълумотлар жадвалини тўлдириш мақсадида ахборотлар жамланиб 2.1.1-жадвалда шакллантирилди.

2.1.1-жадвал

«Архитектура ёдгорликлари» тематик қатламининг Хўжа Чақмор масжиди мисолида атрибутив маълумотлар жадвали

Т/р	Устунлар	Маълумотлар
1	Объектнинг номи	Хўжа Чақмор масжиди
2	Объектнинг ўрнашган жойи	Бухоро туман Лоша МФЙ Чақмоқ
3	Объектнинг идентификация рақами	аниқланмаган
4	Кадастр объекти мулкдорининг, эгалик қилувчи, фойдаланувчи ёки ижарага олувчининг идоравий мансублиги ёки номи	Бухоро вилояти Маданий мерос бошқармаси

---

[6] 2618-сон 08.10.2014. Давлат кадастрлари ягона тизимига тегишли давлат кадастрлари маълумотларининг таркиби ва уларни тақдим этиш тартиби тўғрисидаги низомни тасдиқлаш ҳақида (lex.uz)

№		
5	Кадастр объекти мулкдорининг, эгалик қилувчи, фойдаланувчи ёки ижарага олувчининг почта манзили	Бухоро шаҳар Х.Ибодов кўчаси 7-уй
6	Моддий маданий мерос объектига бўлган мулк ҳуқуқи ва бошқа ҳуқуқларни тасдиқловчи ҳужжат	2019-йил 4- октабрдаги ВМ 846-сонли қарори
7	Ер участкасига бўлган ҳуқуқлар давлат рўйхатидан ўтказилганлиги тўғрисидаги маълумотлар	ер участкаси давлат рўйхатидан ўтказилган
8	Бинолар ва иншоотларга бўлган ҳуқуқлар давлат рўйхатидан ўтказилганлиги тўғрисидаги маълумотлар	бино ва иншоот давлат рўйхатидан ўтказилган
9	Ер участкасининг кадастр рақами	20:01:12:02:02:0093
10	Объектнинг мақсад ва вазифаси (маданий-маърифий, туристик-экскурсион, даволаш-соғломлаштириш, турар жой ва бошқалар)	туристик-экскурцион
11	Белгиланган санаси	28.01.2021 й
12	Планировкаси, композитсион-фазовий структураси ва конструкцияларининг хусусиятлари	тўғри бурчакли фазовий компазицион, қуёш нурига, шўрланишга, емирилишга чидамли
13	Техник ҳолати	таъмирталаб
14	Рассомлик асарлари, бадиий нақшлар, ҳайкалтарошлик, амалий санъат асарларининг мавжудлиги	йўқ
15	Қурилиш материали	ғишт
16	Асосий ўлчамлари	11559
17	Муҳофаза зонасининг чегаралари тўғрисидаги маълумотлар	муҳофаза зонаси дахлсизлиги таъминланган
18	Реставрация ишлари тўғрисидаги маълумотлар	Мавжуд эмас

Муаллиф томонидан ишлаб чиқилган

2.1.1-жадвалдаги атрибутив маълумотлардан келиб чиқиб муаллиф томонидан баъзи ўзгартиришларни бериш орқали устун маълумотларини қисқартириш тавсия этилади. Хусусан жадвалдаги объектнинг мақсад ва вазифаси, белгиланган санаси, планировкаси, композицион-фазовий структураси ва конструкцияларининг хусусиятлари, техник ҳолати, асосий ўлчамлари ва муҳофаза зонасининг чегаралари тўғрисидаги маълумотлар каби устун ахборотларини олиб ташлаш орқали атрибутив маълумотлар жадвалини такомиллаштириш лозим.

Келтирилган 6 та Архитектура ёдгорликлари маълумотларнинг айримлари йўқлиги ва ҳозирда ишлаб чиқариш ташкилотларида фойдаланилмаётганлиги ҳамда келгусида атрибутив маълумотларни шакллантиришда ноқулайликларни олдини олишга хизмат қилади.

Навбатда археология ёдгорлиги номли мавзули қатлам учун атрибутив маълумотлар жадвалини тўлдириш мақсадида ахборотлар жамланиб 2.1.2-жадвалда шакллантирилди.

2.1.2-жадвал

«Археология ёдгорликлари» тематик қатламининг Хўжа Кониддин тепалиги мисолида атрибутив маълумотлар жадвали

T/p	Устунлар	Маълумотлар
1	Объектнинг номи	Хўжа Кониддин тепа.
2	Объектнинг ўрнашган жойи	Бухоро туман Истиқбол МФЙ Кобдун кишлоғи
3	Объектнинг идентификация рақами	аниқланмаган
4	Юридик шахснинг - мулкдорнинг идоравий мансублиги ёки номи, почта манзили	Бухоро вилояти Маданий мерос бошқармаси
5	Юридик шахснинг - кадастр объекти мулкдорининг, эгасининг манзили	Бухоро шаҳар Х.Ибодов кўчаси 7-уй
6	Моддий маданий мерос объектига бўлган мулк ҳуқуқи ва бошқа ҳуқуқларни тасдиқловчи ҳужжат	2019-йил 4- октабрдаги ВМ 846-сонли қарори
7	Ер участкасига бўлган ҳуқуқлар давлат рўйхатидан ўтказилганлиги тўғрисидаги маълумотлар	ер участкаси давлат рўйхатидан ўтказилган
8	Ер участкасининг кадастр рақами	20:01:05:01:05:0102
9	Объектнинг мақсад ва вазифаси (маданий-маърифий, туристик-экскурсион, даволаш-соғломлаштириш,	фойдаланилмайди

10	Белгиланган санаси	28.01.2021 й
11	Энг муҳим топилмалар рўйхати	Топилмалар рўйхати бошқармада мавжуд эмас
12	Техник ҳолати	қониқарли
13	Асосий ўлчамлари	18197
14	Муҳофаза зонасининг чегаралари тўғрисидаги маълумотлар	муҳофаза зонаси дахлсизлиги таъминланган
15	Тадқиқот ишлари тўғрисидаги маълумотлар	тадқиқот ишлари олиб борилмаган

**Муаллиф томонидан ишлаб чиқилган*

2.1.2-жадвалдаги атрибутив маълумотлардан келиб чиқиб муаллиф томонидан баъзи ўзгартиришларни бериш орқали устун маълумотларини қисқартириш тавсия этилади. Хусусан жадвалдаги объектнинг мақсад ва вазифаси, белгиланган санаси, асосий ўлчамлари ва муҳофаза зонасининг чегаралари тўғрисидаги маълумотлар каби устун ахборотларини олиб ташлаш орқали атрибутив маълумотлар жадвалини такомиллаштириш лозим.

Келтирилган 4 та Археология ёдгорликлари маълумотларнинг айримлари йўқлиги ва ҳозирда ишлаб чиқариш ташкилотларида фойдаланилмаётганлиги ҳамда келгусида атрибутив маълумотларни шакллантиришда ноқулайликларни олдини олишга хизмат қилади.

Монументал санъат номли мавзули қатлам учун атрибутив маълумотлар жадвалини тўлдириш мақсадида ахборотлар жамланиб 2.1.3-жадвалда шакллантирилди.

2.1.3-жадвал**«Монументал санъат» тематик қатламининг Ахмад Дониш буюсти мисолида атрибутив маълумотлар жадвали**

Т/р	Устунлар	Маълумотлар
1	Объектнинг номи	А.Дониш бюсти
2	Объектнинг ўрнашган жойи	Бухоро шахар Аҳмад Дониш МФЙ М.Икбол кўчаси
3	Объектнинг идентификация рақами	аниқланмаган
4	Юридик шахснинг - кадастр объекти мулкдорининг, эгасининг идоравий	Бухоро вилояти Маданий мерос бошқармаси

	мансублиги ёки номи	
5	Юридик шахснинг - кадастр объекти мулкдорининг, эгасининг, фойдаланувчисининг ёки ижарага олувчисининг манзили	Бухоро шаҳар Х.Ибодов кўчаси 7-уй
6	Моддий маданий мерос объектига бўлган мулк ҳуқуқи ва бошқа ҳуқуқларни тасдиқловчи хужжат	2019-йил 4- октабрдаги ВМ 846-сонли қарори
7	Ер участкасига бўлган ҳуқуқлар давлат рўйхатидан ўтказилганлиги тўғрисидаги маълумотлар	ўтказилган
8	Ер участкасининг кадастр рақами	20:12:01:56:01:0469:0015
9	Объектнинг мақсад ва вазифаси (маданий-маърифий, туристик-экскурцион, даволаш-соғломлаштириш, турар жой ва бошқалар)	маданий-марифий
10	Белгиланган санаси	1995
11	Муаллифлар	Хайкалтарош Ж.Мақсудов
12	Ёдгорликнинг вужудга келиши у билан боғлиқ бўлган тарихий воқеанинг санаси	1995
13	Материали	бетон
14	Техник ҳолати	қониқарли
15	Асосий ўлчамлари	4
16	Муҳофаза зонасининг чегаралари тўғрисидаги маълумотлар	муҳофаза зонаси дахлсизлиги таъминланган
17	Реставрация ишлари тўғрисидаги маълумотлар	маълумотлар мавжуд эмас

Муаллиф томонидан ишлаб чиқилган

2.1.3-жадвалдаги атрибутив маълумотлардан келиб чиқиб муаллиф томонидан баъзи ўзгартиришларни бериш орқали устун маълумотларини қисқартириш тавсия этилади. Хусусан жадвалдаги объектнинг мақсад ва вазифаси, белгиланган санаси, асосий ўлчамлари ва муҳофаза зонасининг чегаралари тўғрисидаги маълумотлар каби устун ахборотларини олиб ташлаш орқали атрибутив маълумотлар жадвалини такомиллаштириш лозим.

Келтирилган 4 та Монументал санъат маълумотларнинг айримлари йўқлиги ва ҳозирда ишлаб чиқариш ташкилотларида фойдаланилмаётганлиги ҳамда келгусида атрибутив маълумотларни шакллантиришда ноқулайликларни олдини олишга хизмат қилади.

Диққатга сазовор жойлар номли мавзули қатлам учун атрибутив маълумотлар жадвалини тўлдириш мақсадида ахборотлар жамланиб 2.1.4-жадвалда шакллантирилди.

2.1.4-жадвал

«Диққатга зазовор жойлар» тематик қатламининг Хўжа Ахмад Парон қабри мисолида атрибутив маълумотлар жадвали

Т/р	Устунлар	Маълумотлар
1	Объектнинг номи	Хўжа Аҳмадий Парон кабри
2	Объектнинг ўрнашган жойи	Бухоро шахар Хамид Олимжон МФЙ Хақиқат кўчаси
3	Объектнинг идентификация рақами	аниқланмаган
4	Юридик шахснинг — кадастр объекти мулкдорининг, эгасининг идоравий мансублиги ёки номи	Бухоро вилояти Маданий мерос бошқармаси
5	Юридик шахснинг — кадастр объекти мулкдорининг, эгасининг, фойдаланувчисининг ёки ижарага олувчисининг манзили	Бухоро шаҳар Х.Ибодов кўчаси 7-уй
6	Моддий маданий мерос объектига бўлган мулк ҳуқуқи ва бошқа ҳукукларни тасдиқловчи ҳужжат	2019-йил 4- октабрдаги ВМ 846-сонли қарори
7	Ер участкасига бўлган ҳукуқлар давлат рўйхатидан ўтказилганлиги тўғрисидаги маълумотлар	ўтказилган
8	Ер участкасининг кадастр рақами	20:12:01:08:01:0861
9	Объектнинг мақсад ва вазифаси (маданий-маърифий, туристик-экскурцион, даволаш-соғломлаштириш, турар жой ва бошқалар)	туристик-экскурцион
10	Белгиланган санаси	аниқланмаган
11	Матннинг мавжудлиги	йўқ

12	Хотира лавҳаси ўрнатилган вақт	йўқ
13	Материали	ғишт
14	Техник ҳолати	қониқарли
15	Асосий ўлчамлари метр квадрат	42
16	Муҳофаза зонасининг чегаралари тўғрисидаги маълумотлар	муҳофаза зонаси дахлсизлиги таъминланган

Муаллиф томонидан ишлаб чиқилган

2.1.4-жадвалдаги атрибутив маълумотлардан келиб чиқиб муаллиф томонидан баъзи ўзгартиришларни бериш орқали устун маълумотларини қисқартириш тавсия этилади. Хусусан жадвалдаги объектнинг мақсад ва вазифаси, белгиланган санаси, матннинг мавжудлиги, хотира лавҳаси ўрнатилган вақти, асосий ўлчамлари ва муҳофаза зонасининг чегаралари тўғрисидаги маълумотлар каби устун ахборотларини олиб ташлаш орқали атрибутив маълумотлар жадвалини такомиллаштириш лозим [13; 76-77-б.].

Келтирилган 6 та Диққатга зазовор жойлар маълумотларнинг айримлари йўқлиги ва ҳозирда ишлаб чиқариш ташкилотларида фойдаланилмаётганлиги ҳамда келгусида атрибутив маълумотларни шакллантиришда ноқулайликларни олдини олишга хизмат қилади.

Келтирилган тадқиқотлар натижасида барча маданий мерос объектларининг атрибутив маълумотлар базасини шакллантиришда жадвалдаги объектнинг мақсад ва вазифаси, белгиланган санаси, матннинг мавжудлиги, хотира лавҳаси ўрнатилган вақти, асосий ўлчамлари ва муҳофаза зонасининг чегаралари тўғрисидаги маълумотлар каби устун ахборотларини олиб ташлаш орқали атрибутив маълумотлар жадвалини тўлдиришда ноқулайликлар келтирилишини олдини олиш, маълумотларнинг айримлари йўқлиги ва ҳозирда ишлаб чиқариш ташкилотларида фойдаланилмаётганлиги ҳамда келгусида атрибутив маълумотларни шакллантиришда ноқулайликларни олдини олишга хизмат қилади. Юқоридаги таҳлиллардан келиб чиқиб муаллиф томонидан атрибутив маълумотлар жадвали устунларини шакллантириш механизми ишлаб чиқилди (2.1.1-расм).

2.1.1 – расм. Маданий мерос объектлари давлат кадастри атрибутларини шакллантириш механизми

*Муаллиф томонидан ишлаб чиқилган

Муаллиф томонидан ишлаб чиқилган механизм асосида маданий мерос объектларини геомаълумотлар базасида шакллантириш орқали атрибутив маълумотлар устуни бўйича берилган тавсияларга кўра такомиллаштирилди ва Бухоро вилоятидаги 14 та маданий мерос объектининг географик жойлашуви бўйича топографик дала тадқиқот ишлари олиб борилди.

2.2. Маданий мерос объектларини топографик съёмка қилишнинг замонавий усуллари

Ўзбекистон Республикаси Президентининг 2019 йил 30 август ПФ-5806-сон “Ўзбекистон Республикасида космик фаолиятни ривожлантириш тўғрисида”ги Фармони имзоланган. Фармонга кўра мамлакатда қишлоқ ва сув хўжалиги, экология, телекоммуникация, геология-қидирув, картография, метеорология, сейсмология ва шаҳарсозлик соҳаларининг самарадорлигини ошириш имконига эга бўлган ерни масофадан туриб зондлаш, йўлдош алоқа, навигация тизимлари каби космик тадқиқотлар ва технологиялар соҳасида фаолият олиб бориш масалалари баён этилган [10]. Шу сабабли амалга оширилаётган мавжуд илмий-технологик йўналишларни кенгайтириш ва талаб юқори бўлган янги йўналишларни яратишга қаратилган фаол инвестиция сиёсати, шунингдек, аҳолининг турмуш даражаси ва сифатини яхшилаш бўйича амалга оширилаётган дастурий чора-тадбирлар, нано-технологиялар, атом энергетикаси, космик саноат каби ҳали фойдаланилмаган юқори илмий ҳажмдор, технологик ва кенг кўламли фаолият йўналишларидан фойдаланишни талаб этади. Шу жумладан топографик-геодезик ва картографик дала тадқиқот ишлари ҳажмини қисқартириш мақсадида масофадан зондлаш технологиясини қўллаш мақсадга мувофиқдир.

Масофадан зондлаш - тадқиқ қилинаётган объект, майдон ёки ҳодиса билан тўғридан тўғри алоқада бўлмаган асбоб - ускуна ёрдамида олинган ахборотларни таҳлил қилиш орқали олинган маълумотлардир [12;23-26-б., 28;40-41-б].

Ҳозирги кунда масофадан зондлаш ишлари самалётлар орқали ҳаводан ва сунъий йўлдошлар ёрдамида фазовий усуллардан фойдаланиб амалга оширилмоқда. Шунингдек, масофадан зондлашда нафақат фотоплёнкалар, балки рақамли фотоаппаратлар, сканерлар, видеолар, радар ва термал сенсорлар ишлатилмоқда.

Ҳозирги кунда масофадан зондлаш тез, аниқ ва янги маълумотлар тўплаш талаб қилинадиган соҳа бўлган атроф-муҳит бошқарувида жуда кенг фойдаланилмоқда. Сунъий йўлдош технологиялари ва кўп - спектрли сенсорларни яратилиши имкониятларни янада кенгайтирди. Ушбу технологиялар ёрдамида ернинг жуда катта майдонларидан атроф муҳит тўғрисида инсон кўзига кўринмайдиган маълумотларни олиш мумкин [16].

Ерни масофадан зондлашнинг энг кснг тарқалган усулларидан бири - турли усулларпи қўллаган ҳолда спектр иптерваллар ёрдамида ер юзиши тасвирга олишдир. Тасвирларни мавзули таҳлил қилиш жараёнида тез-тез турли манбалардан, масалан, рақамли топографик ва мавзули хариталар, графиклар, шаҳарлар схемалари, ташқи маълумотлар базасидан фойдаланилади[95]. Мултиспектраль тасвирларнинг ҳажми тасвирдаги энг кичик объектларнинг хусусиятларини аниқлаш имконияти мавжудлиги даражасига кўра характерланади. Масаланинг ечилишига қараб паст даражадаги (100 м дан кўпроқ), ўрта даражадаги (10-100 м) ва юқори даражадаги (10 м дан камроқ) жойлашган текисликдаги тасвирлардан фойдаланилади. Сўров тасвирлари паст даражада текисликдаги тасвирлардан иборатдир. Ўрта даражадаги текисликдаги тасвирлар атроф-муҳит мониторинги учун энг яхши маълумотлар манбаидир. Юқори даражадаги текисликдаги тасвирлар юқори аниқлик билан таҳлил қилиш имконини бергани сабабли сўнгги йилларда маданий мерос соҳасида, шу билан бирга, тижорат космик тизимларида ва геоахборот тизимларида кенг қўлланилиб келинмоқда [16]. Ерни масофадан зондлаш маълумотларига ишлов бериш тизимлари турли соҳалардаги вазифаларни аниқ таҳлил қилиш ва керакли ечимларни ишлаб чиқиш имконини беради.

Бухоро вилоятининг маданий мерос объектларига тегишли схематик харитани яратиш ва унда объектлар ҳақида маълумотларни ифодалаш мақсадида вилоятга тегишли геомаълумотлар таркиби аниқлаб олинди. Шу асосда маданий мерос объектлари сифатида бир нечта (14 та) ёдгорлик, мажмуа ва ҳудудлар белгилаб олинди (2.2.1-жадвал).

2.2.1-жадвал

Таддқиқот учун танлаб олинган маданий мерос объектлари рўйхати

Т/р	Объект номи	Объект тури
1	Варахшо Қўрғони	Археологик ёдгорлик
2	Қиз - биби	Археологик ёдгорлик
3	Абдуҳолиқ Ғиждувоний	Архитектура ёдгорлиги
4	Баҳоуддин Нақшбанд ҳазратлари	Архитектура ёдгорлиги
5	Арк Қўрғони	Архитектура ёдгорлиги
6	Минораи Калон	Архитектура ёдгорлиги
7	Лаби ҳовуз	Архитектура ёдгорлиги
8	Хўжа Ориф Ар - Ревгарий	Диққатга сазовор жой
9	Хўжа Махмуд Анжир Фагнавий	Диққатга сазовор жой
10	Хўжа Али Ромитаний	Диққатга сазовор жой
11	Хўжа Мухаммад Бобойи Самосий кабри	Диққатга сазовор жой
12	Хўжа Саййид Амир Кулол	Диққатга сазовор жой
13	Насриддин Афанди хайкали	Монументал ёдгорлик
14	Абу Али Ибн Сино хайкали	Монументал ёдгорлик

** Олинган маълумотлар асосида муаллиф томонидан ишлаб чиқилган*

Ушбу жадвалда давлат кадастрлари ягона тизимига тегишли 4 турдаги қатламларнинг барчасидан тегишли тартибда намуналар олинган ва тадқиқот учун объект сифатида танланган.

Дастлаб Бухоро вилоятининг маданий мерос объектлари жойлашувини ифодаловчи схематик харита яратиб олинди. Бунинг учун асос сифатида OpenStreetMap харитаси, унга тегишли векторли маълумотлар тўплами ва ресурслари ўрганиб чиқилди ҳамда танлаб олинди. Шу билан бир қаторда 14 та маданий мерос объекти координаталари аниқланиб унга ажралиб турувчи шартли белги ва тартиб рақамлари киритиб чиқилди. Харитада объектлар ўрни ва тартиб рақами орқали уларнинг бир бирига нисбатан жойлашуви алоҳида тадқиқ этилди [17].

Харитани шакллантириш мақсадида маданий мерос обектларига тегишли бўлган ҳудуд чегаралари векторизация орқали маълумотлар базасида шакллантириб чиқилди. Бунинг учун дастлаб жойнинг нуқтали маълумоти асосида ориентир олинди [14; 14-б., 37; 11538-11543-р.]. Сўнгра ориентир нуқтасига нисбатан географик ахборот дастурлари (GIS) ёрдамида ҳар бир маданий мерос объекти чегаралари ўзининг расмий хужжатларига таянган ҳолда майдонли қатлам сифатида яратиб чиқилди [55;85]. Бу ҳолатда WGS-84 очиқ турдаги координаталар тизими онлайн хариталари устида векторлаш ишлари бажарилган. Сўнгра маданий мерос объектлари бўйича космик суратларни ўрганиш ишлари бажарилди. Бу SAS Planet дастури орқали амалга оширилади. Дастлаб тадқиқот объектини (14 та маданий мерос ёдгорлиги) қамраб олувчи космик сурат юклаб олинди. Юклаб олинган космик суратдан керакли ҳудудларни танлаш ва кесиб олиб оператив таҳлил қилиш имкониятларини кучайтириш мақсадида кичик бир нечта растр ҳолатига келтириб, янги космик суратлар тўпламини ҳосил қилиш вазифаси бажарилди.

ГАТ (GIS) дастури оқали растр ва объектларнинг чегаралари туширилган қатлам маълумотлари фаоллаштирилади [15]. Чегара қатламида мавжуд элементларни космик суратлар устида визуаллаштирилди ва фақатгина чегара белгиси ажралиб турадиган кўринишга келтирилиб, ички соҳаси рангсиз ҳолатга келтирилди [53;34] (2.2.1-расм).

Чсгаралар киритилган қатлам устида “Буффер” функцияси фаоллаштирилади буффер ҳимоя ҳудудини белгилаш растрнинг чегараси объект чегарасидан каттароқ ёки кичикроқ бўлиб, уни тўлиқ қамраб олиш ва қисман тўликроқ маълумотга эга бўлиш, ҳамда объект чегарасида растр пикселлари тушиб қолишининг олдини олиш мақсадида бажарилади [26;27] (2.2.2-расм).

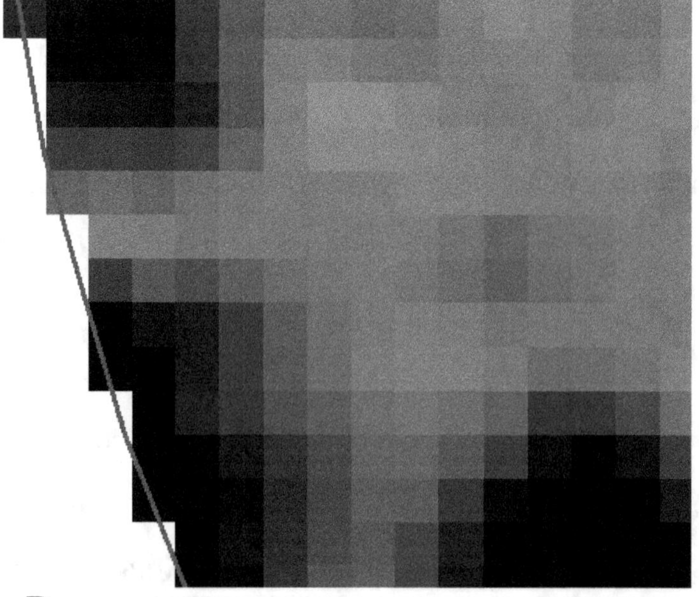

2.2.1-расм. Бухоро вилояти Бухоро шаҳридаги Арк қалъасининг чегарасини тасвирлаш

Муаллиф томонидан ишлаб чиқилган

2.2.2-расм. Растр ва вектор маълумотларининг чегараси

Муаллиф томонидан ишлаб чиқилган

Буффер зонаси учун норматив хужатларда белгиланган муҳофаза зонаси ёки иш турининг мақсадидан келиб чиқиб масофа белгиланди ва янги қатлам манзили кўрсатилиб функция ишга туширилди (2.2.3-расм).

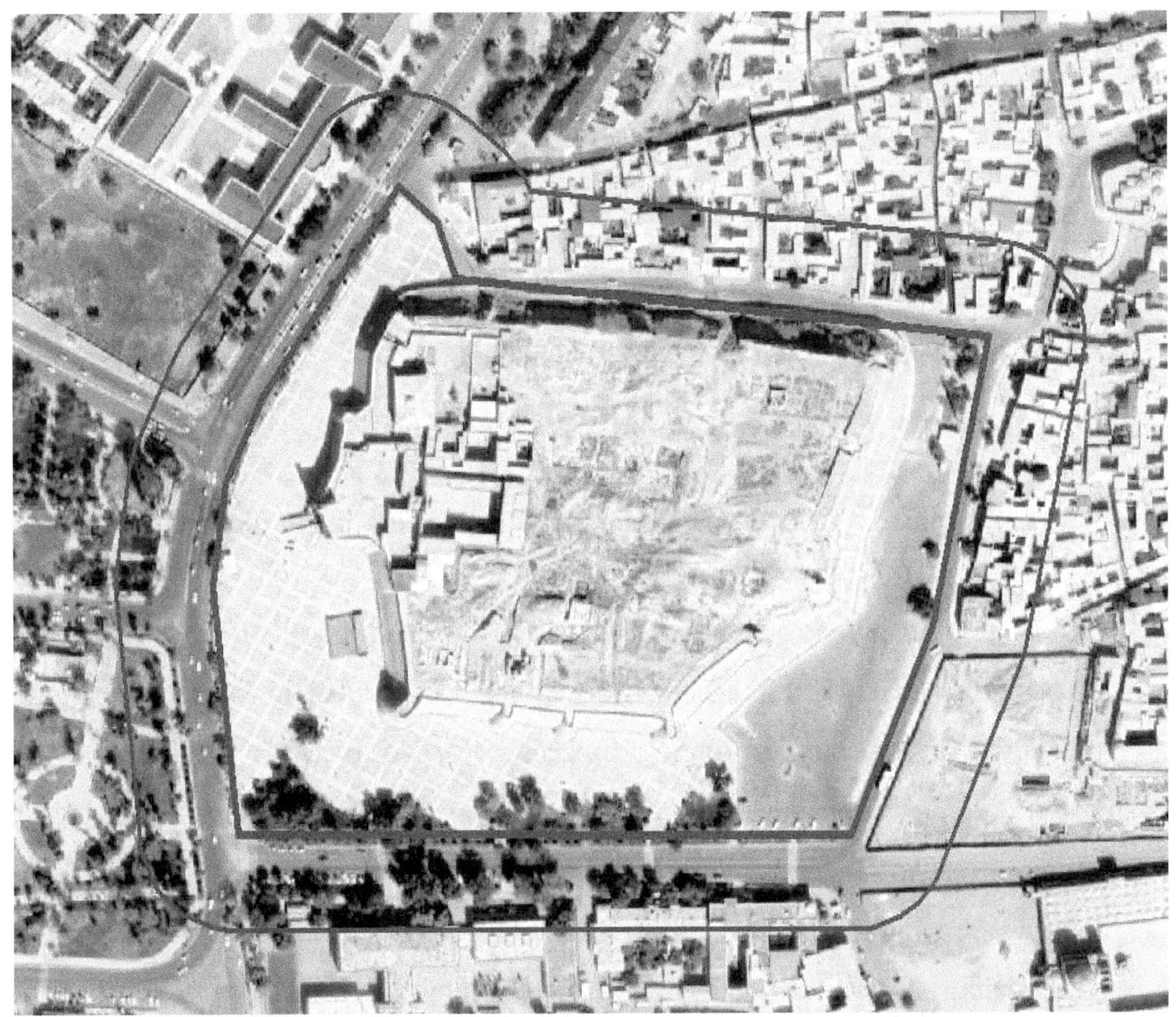

2.2.3-расм. Растрни ҳимоя ҳудуди бўйича кесиб олиш
Муаллиф томонидан ишлаб чиқилган

Натижада ҳосил бўлган қатлам орқали мавжуд растрни кесиш ва тадқиқот объекти чегаралари учун мос космик суратларни олиш учун "Model builder" да янги модель ишлаб чиқилди.

Дастлаб функцияда иштирок этадиган қатламлар дастурга қўшилди. "Model builder" ойнаси очилиб унда дастлабки вазифа сифатида "Интерактив" ва у орқали "Выборка" банди фаоллаштирилади [63]. Фаоллаштириш жараёнида бу функция қатлам ичидаги объектларни бирма-бир танлаб, кейинги бажариш учун тайёрлаб берувчи функция айнан шу шакл ичида бажарилди [62] (2.2.4-расм).

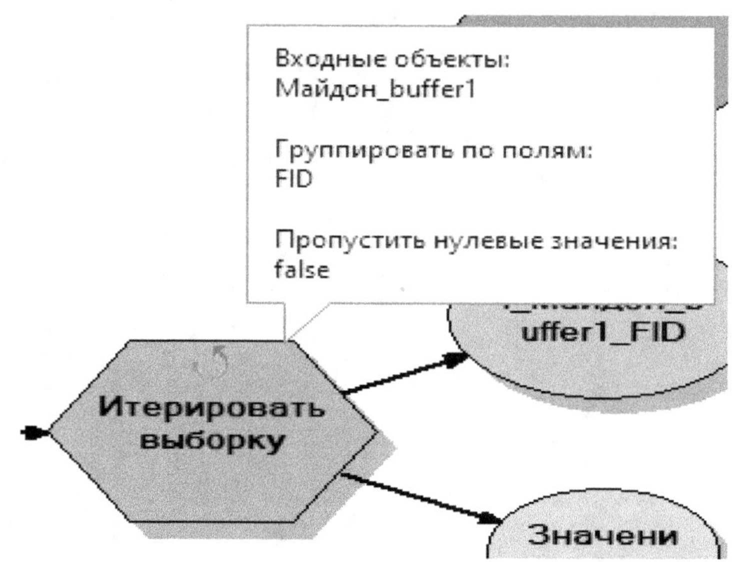

2.2.4-расм. Янги функция белгиси (Итератор выборки)
**Муаллиф томонидан ишлаб чиқилган*

Янги функцияси белгилангач, у ҳосил бўлган натижадан фойдаланиш учун янги шакл ҳосил қилади. Унинг ёрдамида кейинги босқич сифатида растрни кесиш функцияси жойлаштирилади. Унга бирламчи маълумот бўлиб умумий космик сурат ва кесиш объекти итератор натижасининг янги ҳосил бўлган шакли танланди.

Кесиш функциясининг натижасига ном сақлаш учун манзил ва формат белгиланиб иккинчи функция ҳам тайёрланди. Натижани чиқариш учун ном бериш жараёнида "%значение%" ёки "%c%" ("%H%") символларини киритиш талаб этилади [80;82]. Чунки бу симоллардан фойдаланилмаса бир жараён тугаб иккинчиси бошланганда олдинги натижанинг устига янги натижани келтириб аввалгисини йўқотишга олиб келиши мумкин [83;84].

Юқорида санаб ўтилган ишлар ва талаблар тўғри кетма-кетликда бажарилса, модель тўғри иш беради. Акс ҳолда турли носозликлар келиб чиқиш эҳтимоли мавжуд. Бунинг олдини олиш мақсадида модель тузиш жараёнини тез-тез текшириш тугмасини босган ҳолда назорат қилиб бориш тавсия этилади. Шунда барча эҳтимолий хатоликлар ҳам ўз вақтида аниқланиб, тузатилиши мумкин бўлади (2.2.5-расм).

Тадқиқот объекти ҳисобланувчи маданий мерос ёдгорликларини масофадан зондлаш маълумотларини йиғиш ва алоҳида-алоҳида шаклда сақлаш учун растрларни тайёрлаш, шу асосида космик суратлар орқали объектларни бирма-бир таҳлил қилиш учун маълумотлар шу тартибда йиғилади. Йиғилган маълумотлар таҳлили уларни векторизация қилиш, ҳар бир объектга тегишли планларни чизиш орқали маълумотлар базасини шакллантириш ишлари амалга оширилди [81].

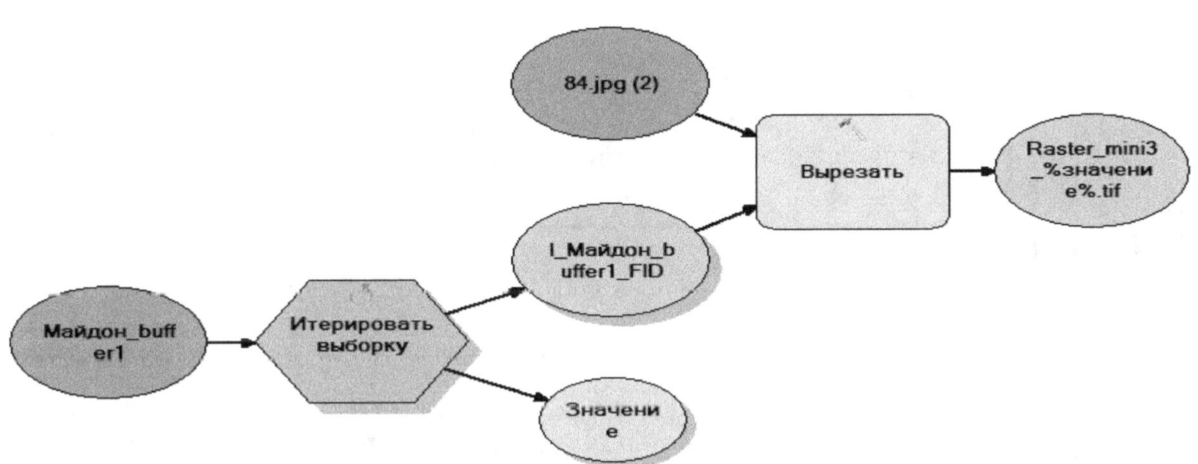

2.2.5-расм. Масофадан зондлаш учун космик суратларни олиш модели
Муаллиф томонидан ишлаб чиқилган

Моделнинг ишлаши ва функцияларни тўғри бажариши натижасида растрли маълумотларни объектга тегишли қисми ажратиб олинган ҳолда сақлаб қўйилиши шарт. Бу жараён бир қатламдаги объектлар тугагунига қадар такрорланади ва барча маданий ёдгорликлар учун космик суратларни тайёрлаб беради (2.2.6-расм).

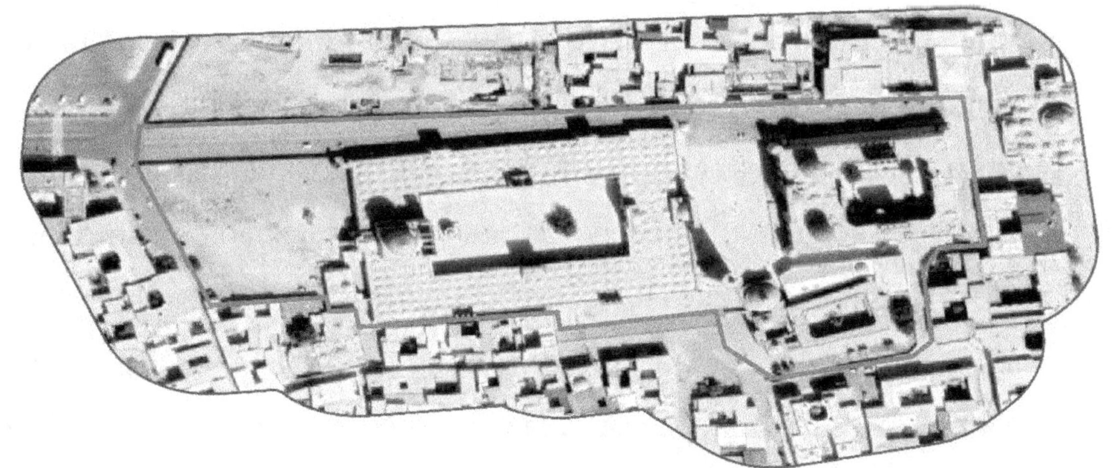

2.2.6-расм. Космик суратнинг модель ёрдамида ҳосил қилиниши
Муаллиф томонидан ишлаб чиқилган

Ушбу космик суратларни умумлаштириш ва уларни объектнинг атрибутив маълумотлари рўйхатига бириктириш орқали кадастр хужжатини расмийлаштириш имконияти яратилди.

Бухоро вилояти маданий мерос объектларининг тадқиқ этилаётган қисмини схематик харита сифатида шакллантириш учун OSM асос харитасидан фойдаланилди.

Ерни масофадан зондлаш ва ҳудудлар мониторингида хариталар тузишнинг 3 та асосий усули мавжуд (2.2.7-расм).

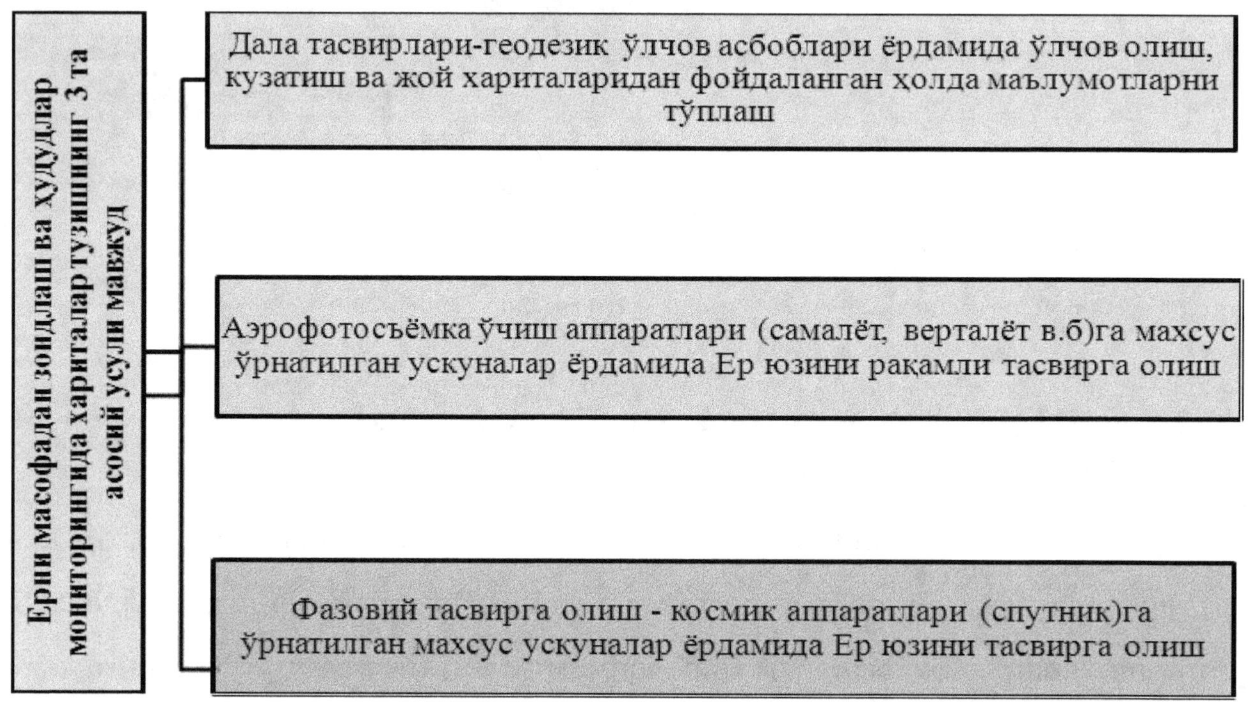

2.2.7-расм. Ерни масофадан зондлаш ва ҳудудлар мониторингида хариталар тузишнинг асосий усуллари

Муаллиф томонидан ишлаб чиқилган

Юқорида келтирилган маълумотлардан келиб чиқиб, масофадан зондлаш орқали олинган маълумотлар ҳар бир соҳада энг қулай манба бўлиб хизмат қилади, чунки олинадиган маълумот учун кам вақт сарфлаб самарали натижага эришилди. Бу эса чекланган ресурслардан самарали фойдаланишда катта имкониятлар яратади. Айниқса давлат кадастрлари бўйича тузиладиган электрон рақамли карталарни масофадан зондлаш материалларидан фойдаланиш орқали яратишда иш самарадорлигини оширади [90; 139-142 б.]. Масофадан зондлаш материаллари аниқлигини ошириш учун жойларда дала топографик геодезик тадқиқот ишларини олиб бориш тавсия этилади [49; 36 б.]. Тадқиқотчи масофадан зондлаш материаллари асосида яратилган рақамли харита аниқлигини ошириш учун ер усти съёмка ишларини амалга оширган.

Ер усти съёмкаларини бажариш усуллари ва технологияларини ривожлантириш ва такомиллаштириш билан асосан оддий геодезия ёки топография соҳасида фаолият олиб борувчи малакали мутахассислар шуғилланишади. Ер усти съёмкалар қуйидаги турларга бўлинади [61]:

- теодолит съёмкаси;

- тахеометрик съёмка;

- мензула съёмкаси;

- юзани нивелирлаш;

- фототопографик съёмка;

- ер усти лазер съёмкаси;

- GPS ва GNSS съёмкаси.

Изланувчи томонидан олиб борилган дала тадқиқот ишлари электрон тахеометр ва GNSS қурилмаси ёрдамида амалга оширлди.

Тахеометрик съёмка топографик съёмка турларидан бири бўлиб, рельефи мураккаб участкалар горизонтал ва вертикал съёмкаларини бир вақтнинг ўзида электрон тахеометр асбоби ёрдамида бажаришга асосланган. Тахеометрик съёмка унча катта бўлмаган ер участкалари, темир йўл ва автомобил йўллари, электр узатгич линиялари, қувур ўтказгичлар трассаси бўйлаб тор полосали жойларнинг йирик масштабли планларини тузиш мақсадида бажарилади (2.2.8-расм).

GNSS қурилмаси ёрдамида съёмка қилишда сунъий йўлдош кемалари ёрдамида тўлқин частоталари асосида ердаги қабул қилгичнинг белгиланган координата қийматларини аниқлашга асосланган бўлиб, асосап жойлардаги очиқ объектларни топографик планини тузишда кенг қўлланилади [39; 241 с.]. Шу сабабли изланувчи GNSS қурилмаси ёрдамида маданий мерос объектларининг планини тузиш ва уларни рақамлаштириш учун дала тадқиқот ишлари амалга оширган [44; 88-92-б.] (2.2.9-расм).

2.2.8-расм. Электрон тахеометр ёрдамида дала тадқиқот ишларини олиб бориш жараёни

2.2.9-расм. GNSS қурилмаси ёрдамида дала тадқиқот ишларини олиб бориш жараёни

GNSS қурилмаси ёрдамида съёмка ишларини амалга оширишда база ва ровер улаш бўлган усулда амалга оширилди. Бу борада қуйидаги кетма-кетлик жараёнлари амалга оширилди:

Яратилган базага кирилиб, янги "НОВ" тугмасини босиш орқали янги лойиҳа яратиб олинди [51; 124-126 б.]. Мазкур жараён ҳар доим иш бошланишида лойиҳага тузатма киритмаслик имконини беради. Лойиҳа яратилгач, РТК банди ёниқ туриши талаб этилади. "Конфигурация" банди БАЗА ВРУЧНУЮ танланди.

Қолган кўрсаткичларга ўзгартириш киритлмайди ва сохранить тугмасини босиш орқали лойиҳа хотирага олинади. Контроллердаги Ровер иловасига кирилиб, +Нов тугмаси босилади ва янги стил яратилади [42; 63-65 с]. Базадаги созламалар ўзгартирилмайди. Сохранить тугмаси босилади (2.2.10-расм).

Координата тизимида ишлаш учун СК....... банди танланиб, "Добавить" тугмаси босилади. Навбатда континентга "Europe" танланади ва регионга "Russia" кўрсатилади. Ҳосил бўлган библотекадан СК42_зона_11_Trimble танланади. Бу борада Ўзбекистон Республикасининг 4 та географик зоналарда жойлашган бўлиб, улар 10, 11, 12, 13 зоналарни ташкил этади.

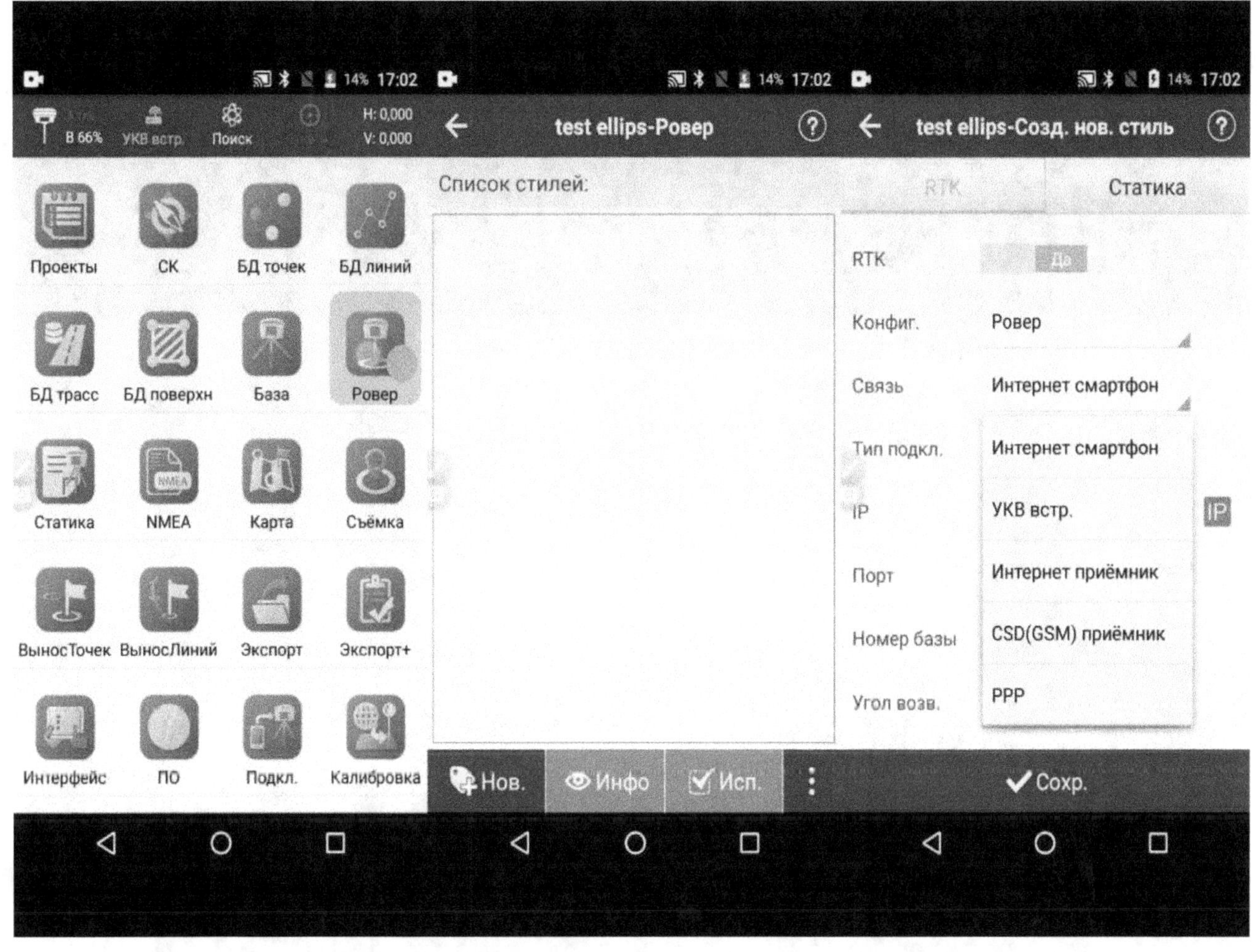

2.2.10-расм. Ровер иловаси ёрдамида лойиҳа ташкил этиш ойнаси
Муаллиф томонидан ишлаб чиқилган

Тадқиқот ҳудудига мос равишда зоналар белгиланиши лозим бўлади. Изланишлар Бухоро вилоятида олиб борилаётганлигини инобатга олиб 11 зона танланиши тавсия этилади. Шундан сўнг "Калибр.высота" қатори танлаб олинади ва нуқтали қатламда ишлаш буйруғи босилади. Ҳосил бўлган ойнадан "Ред" тугмаси босилади. Файлы бандидан EGMO8-K1.GGF танланади ва Исп тугмаси босилади [41; 88-92 б.]. Шаблон талабга кўра танланади.

Съёмка ишларини бошлашда яратилган база асосида БАЗА РТК –> испо –> Формат сўнгра 2 ҳил координата тизими мавжуд бўлиб улардан тадқиқот ишига мос бўлгани танланади. Агар аниқ координаталар тизимида ишлаш техник топшириқда белгиланган бўлса туғри бучакли координаталар тизимида ишлаш мақсадга мувофиқ саналади [50; 38 б.] (2.2.11-расм).

Агар жадвалда мавжуд бўлмаса механик усулда киритилади. Киритилгандан сўнг Ок тугмаси босилади. Высота антенна банди орқали ровердаги ёки базадаги антеннанинг ердан баландлиги ўлчанади ва кўрсатилган жойга киритиб тузатма якунланади [40; 241-264 с.].

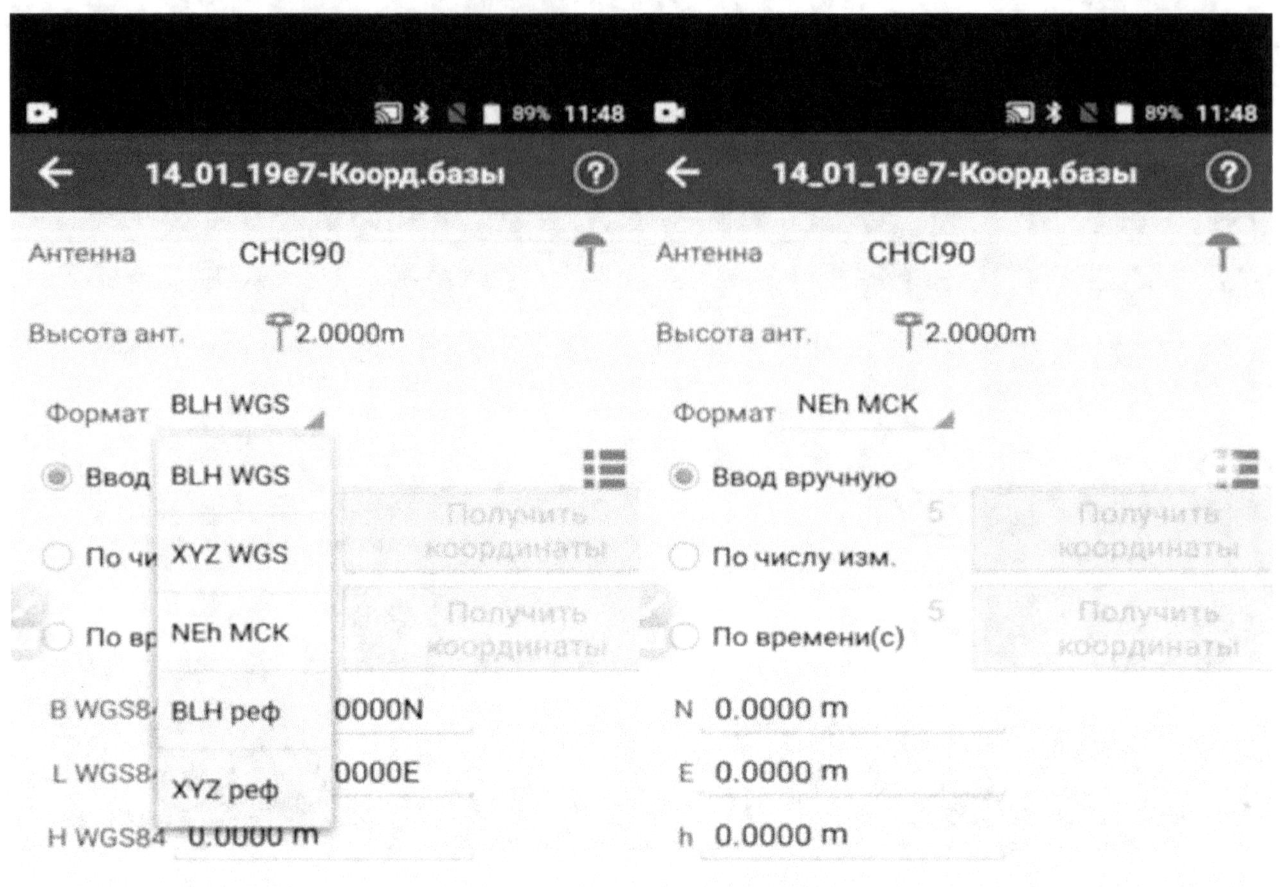

2.2.11-расм. Координаталар тизимини танлаш ойнаси
Муаллиф томонидан ишлаб чиқилган

GNSS қурилмаси ишчи ҳолатга келгач тадқиқот объектидаги характерли нуқталарнинг координаталари аниқланади. Аниқланган координата қийматлари қурилманинг хотирасида сақланиб, иш якунида уни қайта ишлаш учун компьютер хотирасига экспорт қилинади. Экспорт қилинган нуқтали координаталар махсус геоахборот тизими оиласига мансуб бўлган дастурий таъминотларда қайта ишланиб тадқиқот олиб борилган ҳудуднинг топографик плани тузилади (2.2.12-расм).

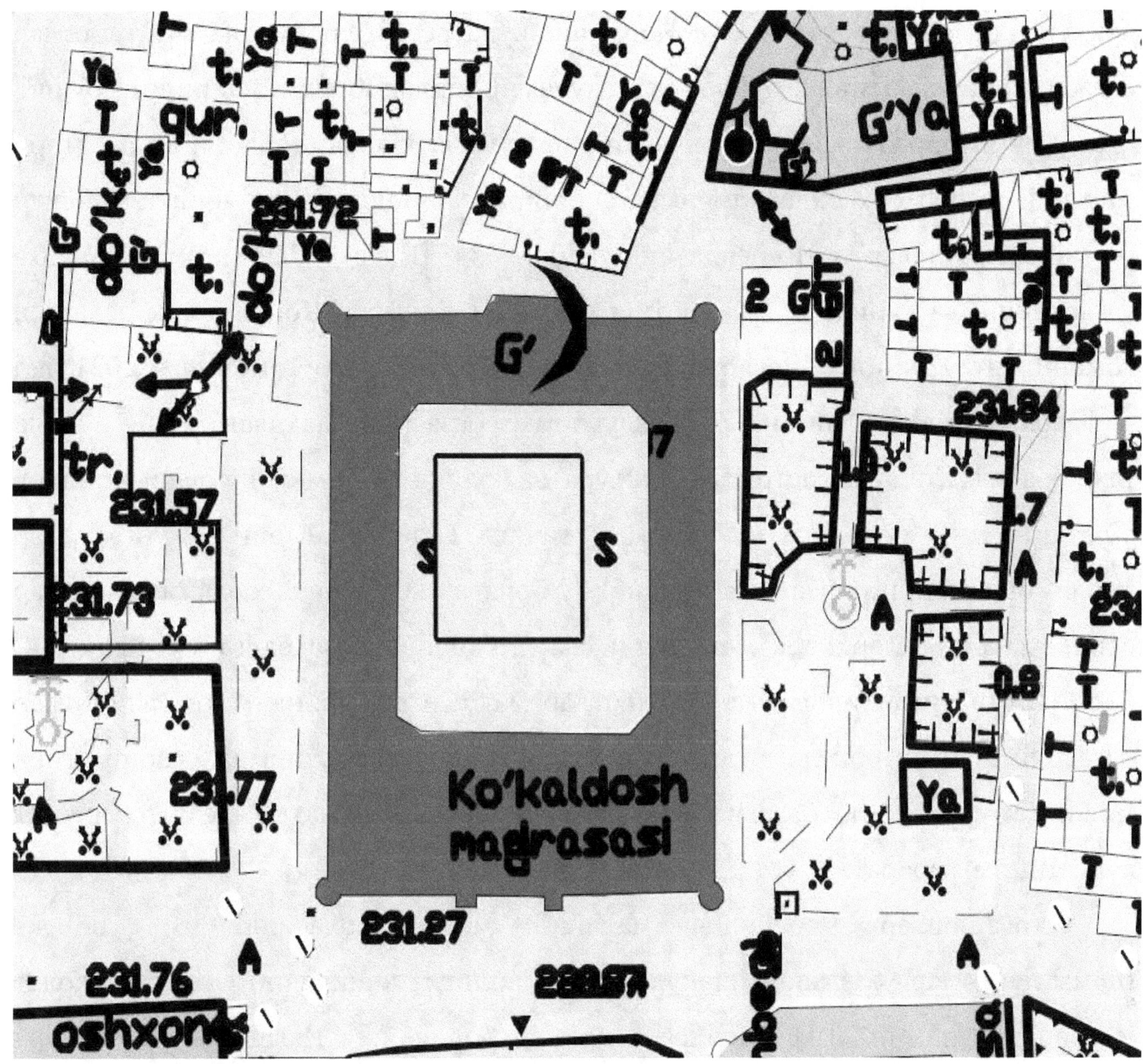

2.2.12-расм. Бухоро вилояти Бухоро шаҳридаги Кўкалдош мадрасасининг топографик плани

Муаллиф томонидан ишлаб чиқилган

Юқоридаги бажарилган дала тадқиқот ишлари натижасида Бухоро вилояти бўйича танлаб олинган жами 14 та объект GNSS қурилмаси ёрдамида съёмка қилиниб, топографик планлари яратилди ва геомаълумотлар базасида шакллантириш учун конвертация ишлари амалга оширилди.

2.3. Маданий мерос объектлари давлат кадастрининг рақамли харитасини тузиш усули

Ўзбекистон Республикасининг 1994 йил 6 май 1060-XII-сон "Электрон ҳисоблаш машиналари учун яратилган дастурлар ва маълумотлар базаларининг ҳуқуқий ҳимояси тўғрисида"ги Қонунига кўра республикамизда маълумотлар базасини шакллантириш бўйича кенг кўламли ишлар амалга оширилган бўлиб, геомаълумотлар базасини шакллантириш бўйича кўплаб ташкилотлар қатори маданий мерос соҳасида ҳам амалга оширилган ишлар суст юритилганлиги илмий изланишлар натижасида аниқланди [11]. Шу сабабли мазкур Қонунга ўзгартириш ва қўшимчалар киритиш бўйича таклифлар Қонунчилик палатаси томонидан 2020 йил 11 декабрда қабул қилинган ва Сенат томонидан 2021 йил 5 февралда маъқулланган. Геомаълумотлар базасини шакллантириш бўйича тажриба сифатида кадастр, архитектура ва қурилиш, темир йўллари, қишлоқ хўжалиги, сув хўжалиги ва ўрмон хўжалиги каби соҳаларни бугунга қадар амалга оширилган ишлари ўрганилиб, бу борада оқсаётган соҳаларга тавсиялар бериш ҳамда махорат алмашинувини амалга ошириш мақсадга мувофиқ [64; 41б.]. Илмий изланишлар ва тадқиқотлар мақсади ҳам айнан геомаълумотлар базасини яратиш орқали электрон рақамли хариталар тузиш ва уларни ягона миллий геоахборот базасига боғлаган ҳолда ҳукуматга тезкор хизмат кўрсатишдан иборат.

Ўрганишлар мобайнида маданий мерос соҳасида 36% объект геомаълумотлар базасида шакллантирилганлиги аниқланиб, мазкур ҳолат юзасидан илмий изланишлар олиб борилди. Изланишларга кўра геомаълумотлар базасини шакллантириш орқали электрон рақамли харитасини тузиш қониқарли даражада олиб борилмаганлигига асосий сабаб геоахборот тизими оиласига мансуб дастурий таъминотларда ишловчи ва замонавий геодезик асбоблардан фойдаланувчи мутахассисларни етишмаслиги эканлиги аниқланди. Мазкур ҳолат бўйича илмий иш натижалари ишлаб чиқариш ташкилотларига жорий этилиб, тадқиқотчи томонидан Бухоро вилояти бўйича фаолият олиб бораётган маданий мерос бошқармаси ходимларининг бу борадаги малакалари ҳам оширилди.

Электрон рақамли харитани шакллантиришда дастлаб ортофотопланлар яратилиб олинди. Бу борада илмий изланишлар олиб борган маҳаллий олимларнинг илмий изланишлари таҳлил қилинди. Хусусан, Бухоро вилоятининг қишлоқ хўжалиги хариталарини электрон рақамли кўринишда тузиш бўйича Р.Қ. Ойматов томонидан салмоқли ишлар амалга оширилган. Ушбу услубга асосланган ҳолда ва олиб борилган илмий изланишлар натижасида Маданий мерос объектлари давлат кадастри рақамли харитасини тузишнинг технологик схемаси ишлаб чиқилди (2.3.1-расм).

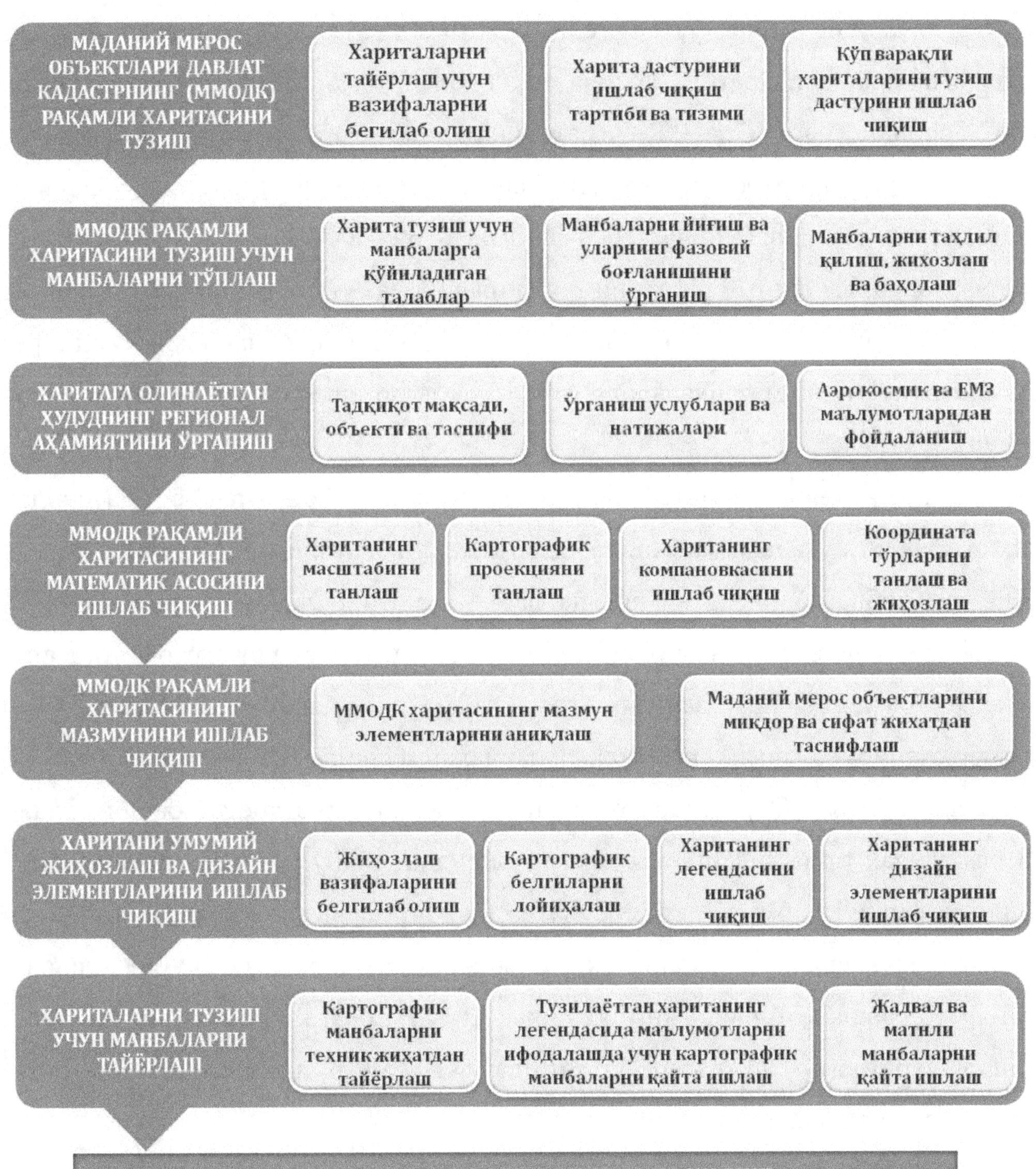

2.3.1-расм. Маданий мерос объектлари давлат кадастри рақамли харитасини тузишнинг технологик схемаси

Муаллиф томонидан ишлаб чиқилди

Маданий мерос объектлари давлат кадастри рақамли харитасини тузишнинг технологик схемаси фойдаланиб, электрон рақамли харитаси ишлаб чиқилди.

Рақамли харитани ишлаб чиқишда дастлаб ортофотопланларни юклаб олиш, геофазовий боғлаш, трансформация қилиш ва векторизациялаш бўйича ўз тавсияларини бериб ўтган [65; 139-140б.]. Мазкур тавсиялар асосида ортофотопланларни яратиш бўйича тадқиқотчи томонидан тадқиқот ишлари олиб борилди. Унга кўра Р.Қ.Ойматовнинг тавсияларига асосан қўшимчалар киритиш орқали ортофотопланларни сифатини яхшилаш ва пикселларнинг тиниқлигини ошириш бўйича [67;71-б 68; 41-б. 69; 72-73б.]. Ортофотопланларнинг сифатини яхшилаш ва ўқувчанлигини ошириш мақсадида пикселлар тиниқлигига тузатмалар киритишда юклаб олинган космосуратларнинг мозайкаларига ArcGIS дастури орқали тузатмалар берилди [97;98].

Тузатмаларни беришда ArcGIS дастурининг бош менюси қаторидан “Окно” бандига ўтилади ва “Анализ изображений” қатори танланади. Натижада “Анализ изображений” номи остида дарча намоён бўлади. Мазкур дарчадан тузатма киритишимиз лозим бўлган ортофотоплан танланади. Ортофотопланни ёруғлик даражасини, рангини ва гамма нурларини яшилаш учун “Отображение” бўлими ёрдамида тузатмалар бериш орқали уни сифатини яхшилаш, сўнгра “Обработка” бўлимидан “Большая четкость” банди орқали ортофотоплан тиниқлигини оширишга эришилди. Ушбу тузатмалар дастурнинг қўшимча модули бўлиб, космосуратдаги ҳодиса ва воқеаларни тиниқлик даражасини ошириш орқали ўқувчанлигини яхшилашга хизмат қилади. Ортофотопланлар тиниқлигини яхшилаш учун амалга оширилган таҳлилий ишлар суратдаги пикселлар ўлчамини 8-10 метр квадратдан 3-5 метр квадратгача яхшилаш имконини берди.

Бу натижа ортофотоплан тиниқлигини икки баробарга оширишга хизмат қилди (2.3.2-расм).

<table>
<tr><td>а) мавжуд ортофотоплан</td><td>б) сифати яхшиланган ортофотоплан</td></tr>
</table>

2.3.2-расм. Ортофотопланларнинг тиниқлигини яхшилаш орқали ўқувчанлигини ошириш

**Муаллиф томонидан ўқувчанлиги оширилди*

Отофотопланларни геофазовий боғлаш, трансформация қилиш ва пикселлар тиниқлигини ошириш амаллари бажарилгандан сўнг, уни векторлаш ишлари олиб борилди ва маданий мерос объектларининг рақамли хариталари тузилди.

Маданий мерос объетларининг рақамли хариталарини тузишда дастлаб ҳудуднинг физиологияси ўрганилиб, Бухоро вилоятининг физиографик харитаси тузиб чиқилди. Физиографикга кўра автомобил йўллар, бино ва иншоотлар, сув тармоқлари, темир йўллар ва ер турлари ҳам шакллантирилди (2.3.3-расм).

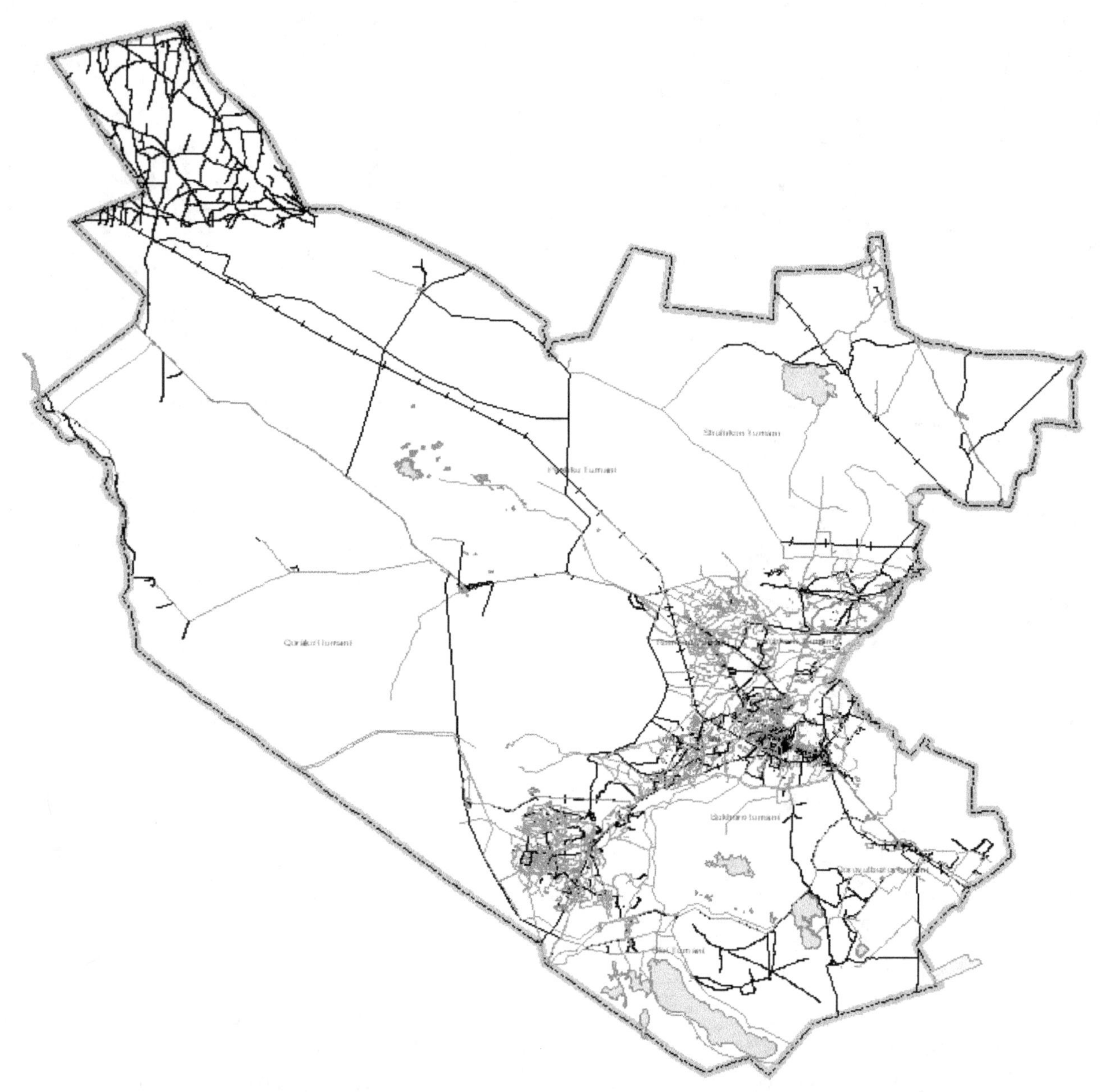

2.3.3-расм. Бухоро вилоятининг геомаълумотлар базасида шакллантирилган физиологик харитаси

**Муаллиф томонидан тузиб чиқилган*

Маданий мерос объектларининг рақамли хариталарини тузишда ArcGIS дастури танлаб олиниб 3 та туркумдаги маданий мерос объекти (археология ёдгорликлари, архитектура ёдгорликлари ва диққатга сазовор жойлар) майдонли ва 1 та туркумдаги маданий мерос объекти (монументал санъат ёдгорликлари) нуқтали қатламларда шакллантирилди. Мазкур шакллантирилган маданий мерос объектлари дастлаб дала тадқиқот ишларига кўра GNSS геодезик қурилмасида жойларда топографик съёмка ишлари олиб борилди (2.3.4-расм).

2.3.4-расм. Бухоро вилояти Когон туманидаги Бохоуддин Нақшбанд мажмуасида олиб борилган топографик дала тадқиқот ишлари

Муаллиф томонидан суратга олинган

Бухоро вилояти Когон туманидаги Бохоуддин Нақшбанд мажмуасида олиб борилган топографик дала тадқиқот натижасида ҳосил бўлган координата қийматларининг каталоги яратилди ва ArcGIS дастурига юкланди (2.3.1-жадвал).

2.3.1-жадвал

Бохоуддин Нақшбанд мажмуасининг координаталар каталги жадвали

Т/р	Кенглик	Узоқлик
1	39° 48' 0,125" N	64° 31' 59,287" E
2	39° 48' 6,073" N	64° 31' 59,583" E
3	39° 48' 8,291" N	64° 32' 1,056" E
4	39° 48' 7,976" N	64° 32' 5,701" E
5	39° 48' 17,061" N	64° 32' 8,201" E
6	39° 48' 15,591" N	64° 32' 17,200" E
7	39° 48' 17,417" N	64° 32' 22,768" E
8	39° 48' 20,823" N	64° 32' 23,829" E
9	39° 48' 20,446" N	64° 32' 26,777" E
10	39° 48' 16,995" N	64° 32' 25,988" E
11	39° 48' 13,972" N	64° 32' 24,717" E
12	39° 48' 9,130" N	64° 32' 23,733" E
13	39° 48' 0,432" N	64° 32' 20,748" E
14	39° 48' 0,745" N	64° 32' 19,386" E
15	39° 48' 0,266" N	64° 32' 4,599" E
16	39° 48' 0,125" N	64° 31' 59,287" E

Муаллиф томонидан дала тадқиқот ишлари натижасида аниқланган

Юкланган вектор қатламларни чизиқли ва майдонли турдаги мавзули қатламларда бирлаштирилиши натижасида ҳудуднинг электрон рақамли харитаси тузилди (2.3.5-расм).

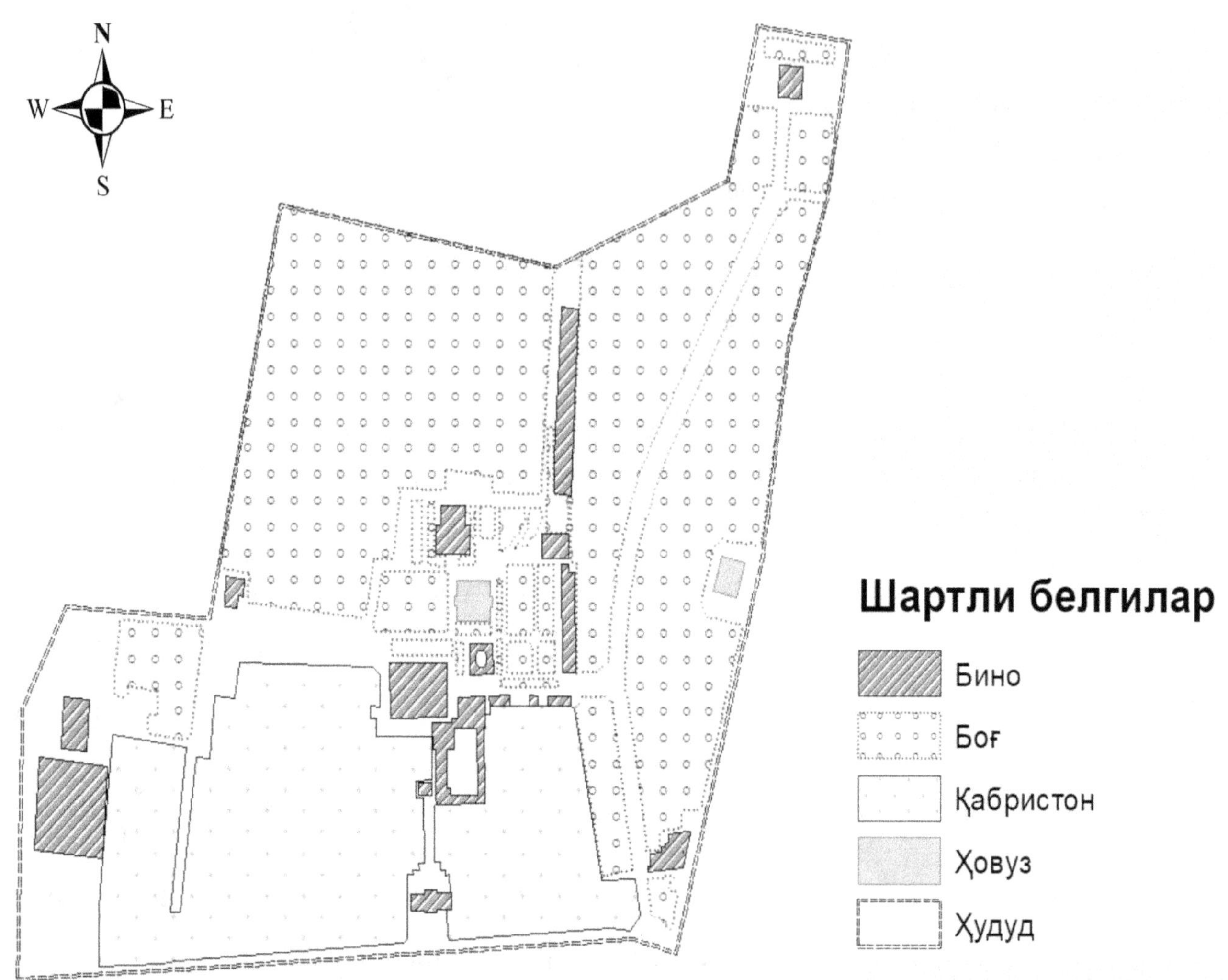

2.3.5-расм. Бухоро вилояти Когон туманидаги Бохоуддин Нақшбанд мажмуасининг геомаълумотлар базасидаги электрон рақамли схематик харитаси
Муаллиф томонидан топографик съёмка ишлари олиб борилиб геомаълумотлар базасида рақамлаштирилган

Тадқиқот ҳудудидаги жами 829 та моддий маданий мерос объектлари нуқтали кўринишда географик жойлашуви рақамлаштирилиб, шулардан Бухоро шаҳридаги жами 348 та моддий маданий мерос объектлари майдонли кўринишида рақамлаштирилди. Нуқтали кўринишида рақамлаштирилган 829 та маданий мерос объектлари 1:25 000 масштабда геовизуаллаштирилган бўлса, Бухоро шаҳридаги 348 та моддий маданий мерос объектлари 1:2 000 масштабда геовизуаллаштирилган. Шу билан бирга Бухоро вилоятидаги Ғиждувон туманида жойлашган Абдухолиқ Ғиждувоний, Шофиркон туманидаги Хўжа Ориф Ар-Ревгарий, Вобкент туманидаги Хўжа Маҳмуд Анжир Фағнавий, Рометан туманидаги Жўжа Али Рометаний ва Хожа Мухаммад Бобойи Самосий, Когон туманидаги Хўжа Сайид Амир кулол ҳамда мазкур тумандаги сўнги зиёратгоҳ мажмуаси Ҳазрат Баҳоуддин Нақшбанд ҳудудларининг 1:2 000 масштабдаги топографик планини яратиш учун дала тадқиқот ишлари олиб борилди ва геомаълумотлар базасидаги мавзули қатламлар асосида электрон рақамли хариталари тузиб чиқилди (2.3.2-жадвал)(2-илова).

2.3.2-жадвал

Бухоро вилояти бўйлаб жойлашган етти пир мажмуаларининг электрон хариталари ва уларнинг таснифи тушурилган жадвал

Т/р	Таснифи	Рақамли схематик харитаси
1	Ғиждувон туманида жойлашган Абдухолиқ Ғиждувоний (Хожа Абдулхолиқ Ғиждувоний қуддиса сирриҳу – Хожаи Жаҳон. 1103 йилда туғилган. Муборак хоклари Бухоро вилоятининг Ғиждувон шаҳри марказида)	
2	Шофиркон туманидаги Хўжа Ориф Ар-Ревгарий (Хожа Ориф Бухоро вилоятининг Шофиркон туманидаги Ревгар қишлогида туғилган, юз йилдан зиёд умр кўриб, 1259 йилда вафот этган.1996 йил Хожа Ориф жомеси қурилди.)	

3	Вобкент туманидаги Хўжа Маҳмуд Анжир Фағнавий (Хожа Маҳмуд Анжир Фағнавий қуддису сирриҳу Вобкент туманидаги Анжир Фағни қишлогида туғилиб, ўша ерда вафот қилган. Бу қишлоқнинг ҳозирги номи Анжирбоғдир)	
4	Рометан туманидаги Жўжа Али Рометаний (Мақомати гоят олий, каромати бисёр, касблари тўқувчи бўлган. "Рашаҳот"да ёзилишича, 1310 йил, "Мақомати Шоҳи Нақшбанд"да таъкидланиши- ча, 1321 йилда вафот қилган. Қабри Кўҳна Урганчда, обод зиёратгоҳдир)	
5	Рометан туманидаги Хожа Мухаммад Бобойи Самосий (Хожа Мухаммад Бобойи Самосий қуддиса сирриҳу. Бу муборак зотнинг муборак қабри Бухоро вилоятининг Ромитон туманидаги Симос қишлогида)	
6	Когон туманидаги Хўжа Сайид Амир кулол (Саййид Амир Кулол қуддису сирриҳунинг асли исми Саййид Амир Калон бўлиб, Бухоро яқинидаги Сухор қишлоғида туғилган. Бу зот тахминан 1287 йилларда дунёга келган)	

| 7 | Когон туманидаги Ҳазрат Баҳоуддин Нақшбанд (Ҳазрати Саййид Муҳаммад Баҳоул-ҳақ вал-миллат вад-дунё уд-дин Нақшбанд ибн Саййид Жалолиддин. Бу киши соҳиби каромат, олими раббоний, Қуръони карим ва пайғамбар алайҳиссаломнинг суннатларини халққа етказиб, ислом дини ривожига муҳим ҳисса қўшган валиюллоҳдир) | 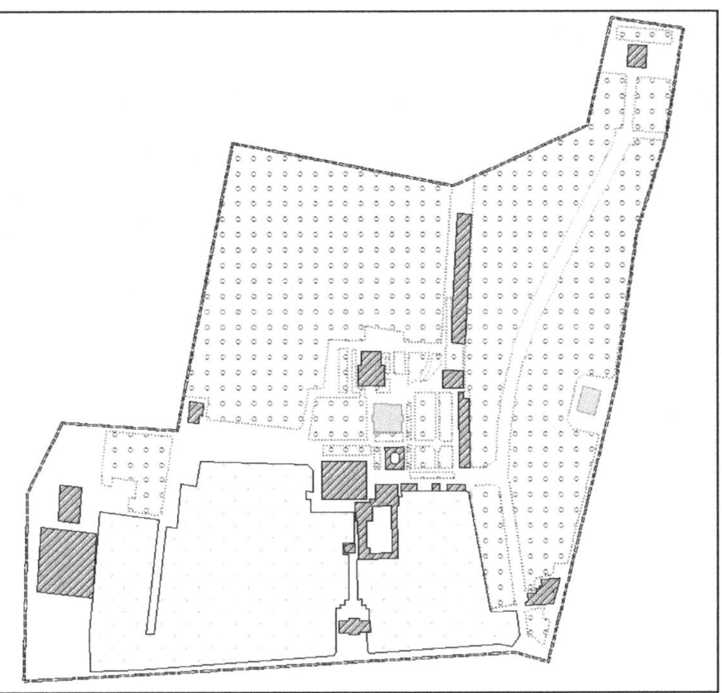 |

Тадқиқотлар ниҳоясида Бухоро вилоятидаги жами моддий мадарий мерос объектларида топографик-геодезик дала тадқиқот ишлари олиб борилиб, геомаълумотлар базасида электрон рақамли харитаси шакллантирилди. Шу аснода бугунги кунга қадар Бухоро вилояти бўйича геомаълумотлар базасида электрон рақамли харитаси шакллантирилган маданий мерос объектлари 36% дан 100% га етказилади. Шу билан бирга геомаълумотлар базаси Бухоро вилояти маданий мерос бошқармасига тақдим қилиниб, топографик-геодезик дала тадқиқот ишлари, картографик методлар асосида геомаълумотлар базасини шакллантириш усули дастурлаш қоидаларини инобатга олган ҳолда такомиллаштирилди.

Иккинчи боб хулосаси

Маданий мерос объектлари давлат кадастрининг геоахборот базасини шакллантиришни илмий услубий асосларидан келиб чиқиб қуйдаги хулосаларга келинди.

1. Маданий мерос объектларининг геомаълумотлар базасини яратиш ва мавзули қатламларини шакллантириш механизми ишлаб чиқилди;

2. Бухоро вилояти бўйича танлаб оланган жами 14 та объект GNSS қурилмаси ёрдамида съёмка қилиниб, топографик планлари яратилди.

Натижада геомаълумотлар базасида шакллантириш учун вектор қатламларни конвертация қилиш механизми модуллаштирилди;

3. Тадқиқот ҳудудидаги жами 829 та моддий маданий мерос объектлари нуқтали кўринишда географик жойлашуви рақамлаштирилиб, шулардан Бухоро шаҳридаги жами 348 та маданий мерос объектлари майдонли кўринишида рақамлаштирилди;

4. Бухоро шаҳридаги 348 та моддий маданий мерос объектлари 1:2 500 масштабда геовизуаллаштирилган;

III-БОБ. МАДАНИЙ МЕРОС ОБЪЕКТЛАРИНИНГ УЧ ЎЛЧАМЛИ МОДЕЛИНИ ВА ВИРТУАЛ ТУРИНИ ИШЛАБ ЧИҚИШНИ ГЕОПОРТАЛДА ГЕОВИЗУАЛЛАШТИРИШ АСОСИДА ТАКОМИЛЛАШТИРИШ

3.1. Маданий мерос объектларининг геомаълумотлар базасини шакллантиришнинг такомиллаштирилган услублари

Маданий мерос объектларининг геомаълумот базасини шакллантириш учун бир нечта дастурларда амалга ошириш мумкин. Масалан ArcGIS, Ponorama, QGIS, Map – info ва ҳ.к. дастурлари. Булардан ArcGIS дастури атрибутив маълумотлар базаси мавжудлиги билан қолган дастурлардан ажралиб туради [13; 76-77 б.]. Шу сабабли маданий мерос объектларининг гсомаълумотлар базасини шакиллантиришда ArcGIS дастурида бажарилди. ArcGIS дастурида геомаълумотлар базасини яратишнинг 3 та асосий услуби мавжуд:

1. Янги бўш геомаълумотлар базасини лойиҳалаш ва яратиш (янги геомаълумотлар базасига юкланадиган маълумотлар тўплами ва схемасини аниқлаб олиш йўли билан).

2. Мавжуд геомаълумотлар базаси схемасини ўзгартириш ва нусхалаш (нусхаланган геомаълумотлар базасига маълумотлар тўпламини юклаш йўли билан).

3. Мавжуд геомаълумотлар базаси таркибини ва схема нусхасини яратиш.

Геомаълумотлар базаси ArcGIS дастурий маҳсулотида маълумотларни сақлаш ва бошқариш учун стандарт муҳит бўлиб, уни иш столи компютерлари, серверлар ёки мобил қурилмаларга ўрнатиш мумкин [16]. ArcGIS географик маълумотларни сақлаш ва тақдим этишнинг янги ёндашувини - геомаълумотлар базаси деб аталадиган объектга йўналтирилгап маълумотлар моделипи тақдим этади. Ушбу модел ёрдамида фойдаланувчи янги сифатларга эга бўлган объектларни яратиши мумкин, бу эса объектларини симуляция қилиши имконини тақдим этади.

Геомаълумотлар базаси маълумотлар модели жисмоний ва мантиқий маълумотлар моделларини бир-бирига яқинлаштиради. Геомаълумотлар базасидаги маълумотлар объектлари моҳиятан мантиқий маълумотлар моделида аниқланган бир хил объектлардир.

ArcGIS дастурида геомаълумотлар базаси умумий файл тизими папкасида - Microsoft Access маълумотлар базасида ёки корпоратив реляцион маълумотлар базасида (масалан, Oracle, Microsoft SQL Server, PostgreSQL, Informix ёки IBM DB2) сақланадиган ҳар хил турдаги географик маълумотлар тўпламидир. Улар кичик, файлга асосланган, битта фойдаланувчи маълумотлар базаларидан кўп фойдаланувчи киришига эга бўлган катта гуруҳ, саноат ва корпоратив геомаълумотлар базаларига ўтишлари мумкин [63].

Маданий мерос объектлари давлат кадастри геомаълумотлар базасини лойиҳалаш учун дизайн мавзули қатламлардан бошланади. Биринчидан, иловалар ва белгиланган мақсадлар учун мавзули қатламлар керак бўлишини аниқлаб олиш талаб этилади. Аниқланган мавзули қатламлар маданий мерос объектларини тасвирлайди. Ундан кейин ҳар бир мавзули қатламларнинг батафсил тафсилотлари тузиб чиқилади. Ҳар бир мавзули қатламнинг тафсилотлари ўзида геомаълумотлар базаси маълумотларининг стандарт элементлари тўғрисида батафсил маълумотномани (фазовий объектлар синфи, жадваллар, муносабатлар синфи, растр маълумотлари тўплами, турдошлар, доменлар ва ҳ.к. сингари) акс эттиради. Лойиҳалаш жараёнида мавзули қатламларни белгилаб олишда ҳар бир маълумотлар мавзулари учун қуйидагиларни ўрнатиш керак: Географик ахборот тизимидаги режалаштириладиган фойдаланиш, маълумотларнинг потенсиал манбаси, аниқлик даражаси, шунингдек, визуал кўриниши.

Лойиҳадаги асосий мавзули қатламларни аниқлаб олиш биланоқ, маълумотлар базасининг ҳар бир мавзули қатлами таркибини тасвирлаш учун унинг батафсил таърифини тузиб чиқиш керак бўлади:

– ишлаш учун керак бўладиган экстентлар ва маштаблар рўйхатини тузиш;

– уларнинг ҳар бири учун географик объектлар қандай намойиш қилинишини ёзиб чиқиш (масалан, нуқталар, чизиқлар, полигонлар, растрлар, жадвалли атрибутлар ёки юзалар билан) ва бунда қуйидаги вазифалар ечимини топиш:

– муносабатлар, жадваллар ва фазовий объектлар синфларида маълумотлар қай тарзда ташкиллаштирилган бўлишини аниқлаш. [16]

Географик ахборот тизими маълумотлар базаларини лойиҳалаш жараёни 11 босқичдан иборат бўлади (3.1.1-расм). Бухоро вилояти маданий мерос объектларининг геомаълумотлар базасини шакллантириш жараёнида турли таснифий кўрсаткичларини белгилаб олиш зарур. Бу кўрсаткичлар бевосита фаъзовий маълумотларни ўз ичига қамраб олади.

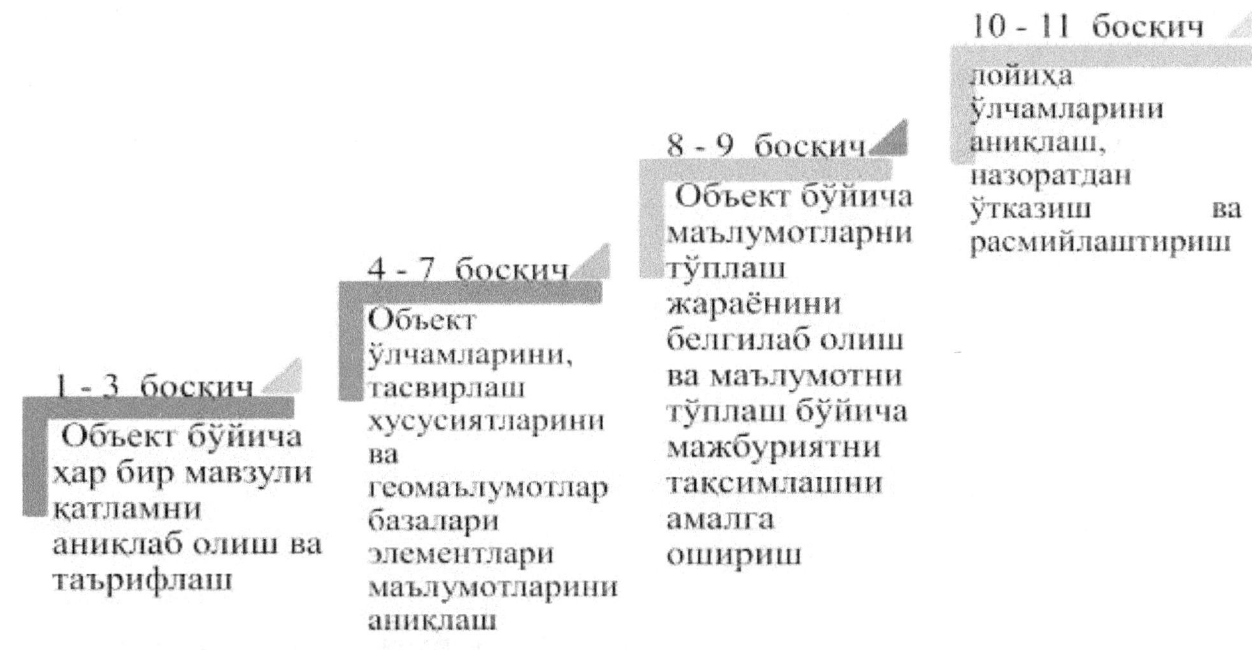

3.1.1 – расм. Географик ахборот тизими маълумотлар базаларини лойиҳалаш жараёни босқичлари

Муаллиф томонидан ишлаб чиқилган

Фазовий маълумотлар билан бир қаторда хар бир маданий мерос объектининг атрибутив маълумотлари ҳам муҳим аҳамият касб этади. Геомаълумотлар базасини шакллантириш учун дастлаб координаталар тизими танлаб олиниши керак. Энг мақбул ечим сифатида WGS84 координаталар тизими тавсия этилади. Ундаги географик маълумотлар глобал координаталарга мос равишда ўз жойини эгаллайди [54; 18-19 б.].

Талаблардан келиб чиқиб маданий мерос объектлари бўйича 4 та туркумдаги мавзули қатламларни геомаълумотлар базасида шакллантириб олинади ва атрибутив устунлари низом талаблари асосида шакллантирилади (3.1.2-расм).

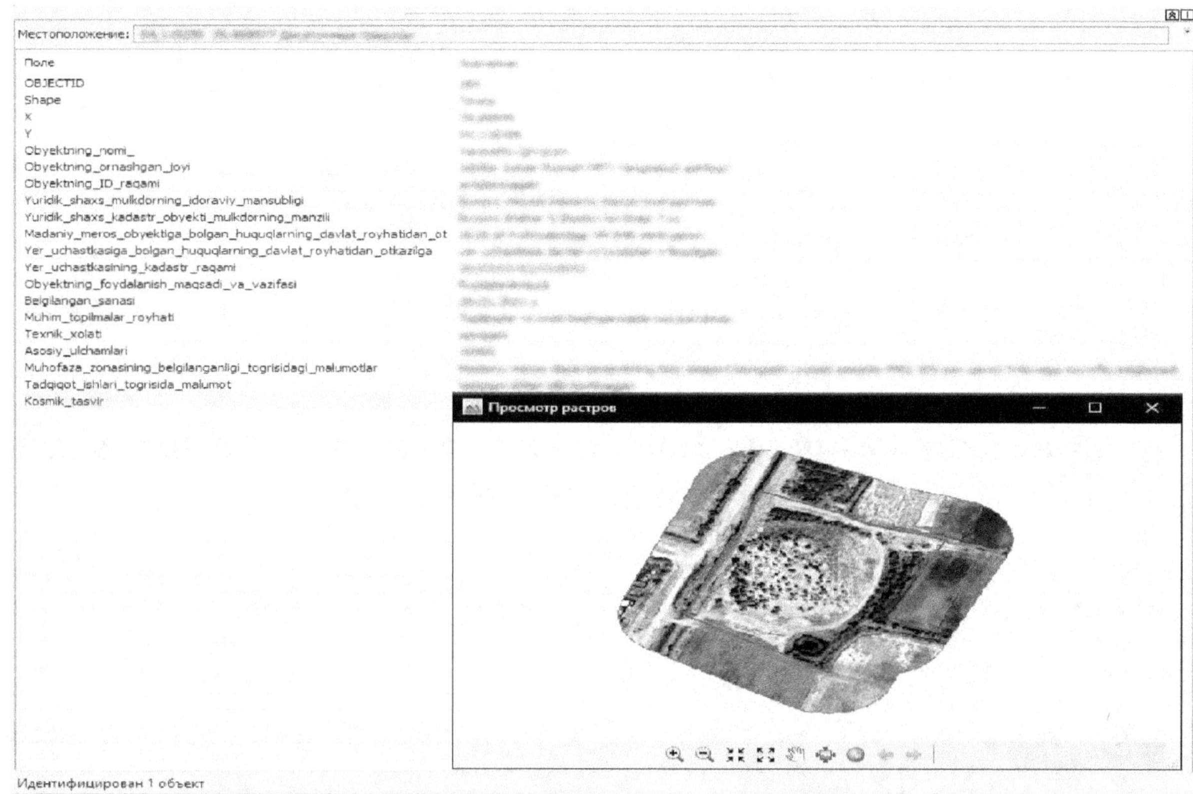

3.1.2-расм. Маданий мерос объектлари геомаълумотлар базаси ва мавзули қатламлар мажмуаси

Муаллиф томонидан ишлаб чиқилган

Археология ёдгорликларининг атрибутив маълумотлари ўз ичига бир қатор ситуацион маълумотларни қамраб олади. Атрибутив маълумотлар жадвалида объектнинг ўрни, номи, жойлашган манзили, идоравий мансублиги, рўйхатдан ўтказилган вақти ва техник ҳолати ҳақидаги маълумотлар шакллантирилади (3.1.3-расм).

3.1.3-расм. Археологик ёдгорликлар қатламининг атрибутив жадвал схемаси

Муаллиф томонидан ишлаб чиқилган

Архитектура ёдгорликлари, археология ёдгорлиги, монументал санъат ёдгорликлари ва диққатга сазовор жойлар қатламларига тегишли атрибутив маълумотлар тўплами хам юқорида кўрсатилган намуна каби характеристик кўрсаткичларни ўз ичига олади. Санаб ўтилган қатламларда ўз объектларига нисбатан хусусий кўрсаткичлар бир оз фарқ қилиши мумкин. Бироқ идоравий мансублиги, жойлашган манзили ва шу каби бир қатор маълумотлар турлари ўзгаришсиз қолади. Объект тўғрисида маълумотлар шу намуна асосида аниқлаштирилган бўлиши талаб этилади. Тадқиқот ишларини олиб боришда яратилган мавзули қатламлар учун атрибутив маълумотларни шакллантиришда устун типларини тизимли бир турда шакллантириш мақсадга мувофиқ. Шу сабабли археология ёдгорликлари номли мавзули қатлам учун шакллантирилиш лозим бўлган устун маълумотларининг типлари ва дастурлашда маълумотлар интеграциясини амалга ошириш учун устунларга махсус қисқартма номлар бериш тизими лотин бош ҳарфлар билан белгилаш ва маълумот типлари дастурлаш қоидаларини инобатга олган ҳолда ишлаб чиқилди (3.1.1-жадвал).

3.1.1-жадвал

Археологик ёдгорликлар қатлами атрибутив жадвалининг маълумотлар типи

Маълумотлар тури	Қисқартма дастурлаш учун	Маълумотлар типи
Объектнинг номи	ON	Матн
Ўрнашган жойи	UJ	Матн
ID рақами	ID	Матн
Юридик шахс мулкдорнинг идоравий мансублиги	IM	Матн
Юридик шахс кадастр объекти мулкдорнинг манзили	YM	Матн
Маданий мерос объектига бўлган ҳуқуқларнинг давлат рўйхатидан ўтказилганлиги	RU	Матн
Ер участкасига бўлган ҳуқуқларнинг давлат рўйҳатидан ўтказилганлиги	XT	Матн

Ер участкасининг кадастр рақами	KR	Матн
Объектнинг фойдаланиш мақсади ва вазифаси	MV	Матн
Белгиланган санаси	BS	Матн
Муҳим топилмалар рўйхати	TR	Матн
Техник ҳолати	TX	Матн
Асосий ўлчамлари	AU	рақам
Муҳофаза зонасининг белгиланганлиги тўғрисидаги маълумотлар	MZ	Матн
Тадқиқот ишлари тўғрисида маълумот	TM	Матн
Космик тасвир	KT	Rasm

Муаллиф томонидан ишлаб чиқилган

Архитектура ёдгорликлари номли мавзули қатлам учун шакллантирилиш лозим бўлган устун маълумотларининг типлари ва дастурлашда маълумотлар интеграциясини амалга ошириш учун устунларга махсус қисқартма номлар бериш тизими лотин бош ҳарфлар билан белгилаш ва маълумот типлари дастурлаш қоидаларини инобатга олган ҳолда ишлаб чиқилди (3.1.2-жадвал).

3.1.2-жадвал

Архитектура ёдгорликлар қатлами атрибутив жадвалининг маълумотлар типи

Маълумотлар тури	Қисқартма дастурлаш учун	Маълумотлар типи
Объектнинг номи	ON	Матн
Ўрнашган жойи	UJ	Матн
ID рақами	ID	Матн
Юридик шахс мулкдорнинг идоравий мансублиги	IM	Матн
Юридик шахс кадастр объекти мулкдорнинг манзили	YM	Матн
Маданий мерос объектига бўлган ҳуқуқларнинг давлат рўйхатидан ўтказилганлиги	RU	Матн
Ер участкасига бўлган ҳуқуқларнинг давлат рўйхатидан ўтказилганлиги	XT	Матн
Ер участкасининг кадастр рақами	KR	Матн
Объектнинг фойдаланиш мақсади ва вазифаси	MV	Матн

Белгиланган санаси	BS	Матн
Муҳим топилмалар рўйхати	TR	Матн
Техник ҳолати	TX	Матн
Асосий ўлчамлари	AU	рақам
Муҳофаза зонасининг белгиланганлиги тўғрисидаги маълумотлар	MZ	Матн
Тадқиқот ишлари тўғрисида маълумот	TM	Матн

Муаллиф томонидан ишлаб чиқилган

Монументал санъат ёдгорликлари номли мавзули қатлам учун шакллантирилиш лозим бўлган устун маълумотларининг типлари ва дастурлашда маълумотлар интеграциясини амалга ошириш учун устунларга махсус қисқартма номлар бериш тизими лотин бош ҳарфлар билан белгилаш ва маълумот типлари дастурлаш қоидаларини инобатга олган ҳолда ишлаб чиқилди (3.1.3-жадвал).

3.1.3-жадвал

Монументал санъат ёдгорликлари қатлами атрибутив жадвалининг маълумотлар типи

Маълумотлар тури	Қисқартма дастурлаш учун	Маълумотлар типи
Объектнинг номи	ON	Матн
Ўрнашган жойи	UJ	Матн
ID рақами	ID	Матн
Юридик шахс мулкдорнинг идоравий мансублиги	IM	Матн
Юридик шахс кадастр объекти мулкдорнинг манзили	YM	Матн
Маданий мерос объектига бўлган ҳуқуқларнинг давлат рўйхатидан ўтказилганлиги	RU	Матн
Ер участкасига бўлган ҳуқуқларнинг давлат рўйхатидан ўтказилганлиги	XT	Матн
Ер участкасининг кадастр рақами	KR	Матн
Объектнинг фойдаланиш мақсади ва вазифаси	MV	Матн
Белгиланган санаси	BS	Матн

Муаллифлар	MU	Матн
Ёдгорликнинг вужудга келиши у билан боғлиқ бўлган тарихий воқеанинг санаси	TS	сана
Материали	MA	Матн
Техник ҳолати	TX	Матн
Асосий ўлчамлари	AU	рақам
Муҳофаза зонасининг чегаралари тўғрисидаги маълумотлар	MZ	Матн
Реставрация ишлари тўғрисидаги маълумотлар	RM	Матн

Муаллиф томонидан ишлаб чиқилган

Диққатга сазовор жойлар номли мавзули қатлам учун шакллантирилиши лозим бўлган устун маълумотларининг типлари ва дастурлашда маълумотлар интеграциясини амалга ошириш учун устунларга махсус қисқартма номлар бериш тизими лотин бош ҳарфлар билан белгилаш ва маълумот типлари дастурлаш қоидаларини инобатга олган ҳолда ишлаб чиқилди (3.1.4-жадвал).

3.1.4-жадвал

Диққатга сазовор жойлар қатлами атрибутив жадвалининг маълумотлар типи

Маълумотлар тури	Қисқартма дастурлаш учун	Маълумотлар типи
Объектнинг номи	ON	Матн
Ўрнашган жойи	UJ	Матн
ID рақами	ID	Матн
Юридик шахс мулкдорнинг идоравий мансублиги	IM	Матн
Юридик шахс кадастр объекти мулкдорнинг манзили	YM	Матн
Маданий мерос объектига бўлган ҳуқуқларнинг давлат рўйхатидан ўтказилганлиги	RU	Матн
Ер участкасига бўлган ҳуқуқларнинг давлат рўйхатидан ўтказилганлиги	XT	Матн
Ер участкасининг кадастр рақами	KR	Матн

Объектнинг фойдаланиш мақсади ва вазифаси	MV	Матн
Белгиланган санаси	BS	Матн
Матннинг мавжудлиги	MM	Матн
Хотира лавҳаси ўрнатилган вақт	UV	сана
Материали	MA	Матн
Техник ҳолати	TX	Матн
Асосий ўлчамлари	AU	рақам
Муҳофаза зонасининг чегаралари тўғрисидаги маълумотлар	MZ	Матн

Муаллиф томонидан ишлаб чиқилган

Юқоридаги таҳлиллардан келиб чиқиб маданий мерос объектлари учун яратилган геомаълумотлар базасидаги 4 та мавзули қатламларини шакллантириш ва уларнинг атрибутив устун маълумотлари типларини такомиллаштириш орқали маданий мерос объектлари давлат кадастрини республика бўйича тизимли юритилишини таъминлаш ҳамда ҳукуматга интерактив хизмат кўрсатишга замин яратилди. Тадқиқот натижасида Бухоро вилоятидаги маданий мерос объектларининг геомаълумотлар базасини шакллантириш 36% дан 100% га оширилади.

3.2. Маданий мерос объектларини уч ўлчамли моделини яратиш ва виртуал турини ишлаб чиқиш

Бугунги кунда ривожланган мамлакатларда ер рельефини ва бино ҳамда иншоотларнинг уч ўлчамли моделини қуриш ва улар ёрдамида мониторинг-назоратини олиб боришга катта эътибор қаратилмоқда [76; 108–115 p. 86; 141-149 p. 30; 13–18 p.]. Айниқса моддий ва номоддий маданий мерос объектларини уч ўлчамли моделини қуриш орқали туризм ривожлантиришга катта аҳамият қаратган. Диссертация ишининг мазкур бўлимида ҳам айнан ер сиртини ва бино ҳамда иншоотларнинг уч ўлчамли моделини қуриш, улар ёрдамида республикамизда туризм соҳасини ривожлантиришга қаратилган. Шу билан бирга маданий мерос объектларини уч ўлчамли моделини яратиш ва виртуал турини ишлаб чиқиш бўйича назарий ҳамда амалий таҳлиллар амалга шширилган. Натижада маданий мерос объектларини уч ўлчамли моделини яратиш ва виртуал турини ишлаб чиқиш механизми яратилган (3.2.1-расм).

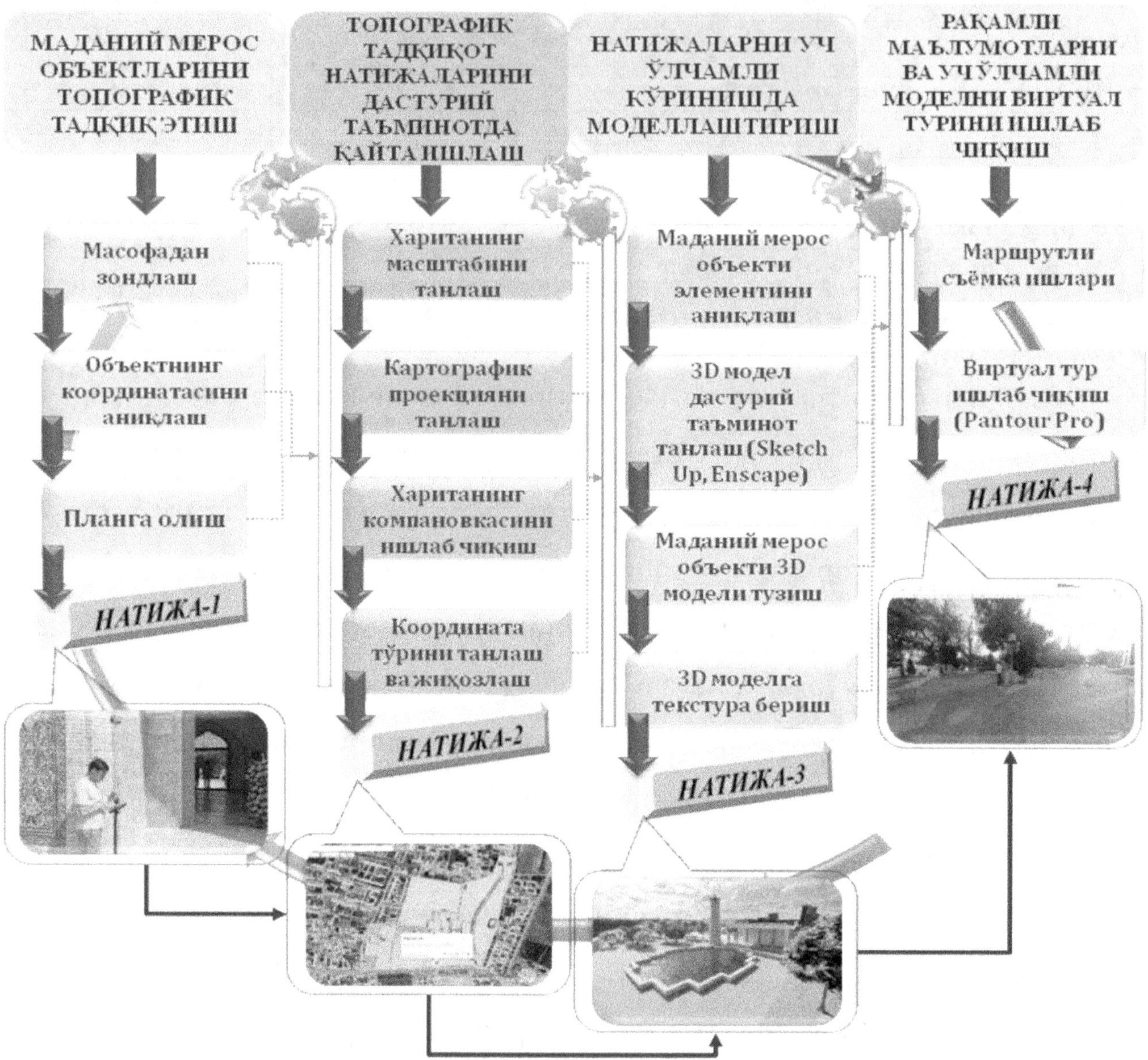

3.2.1-расм. маданий мерос объектларини уч ўлчамли моделини яратиш ва виртуал турини ишлаб чиқиш механизми

Муаллиф томонидан яратилган

Хусусан тадқиқот объекти бўлган Бухоро вилояти Когон туманидаги Ҳазрат Баҳоуддин Нақшбанд мажмуаси тадқиқотчи томонидан ўрганилиб топографик асосини яратиш орқали мажмуанинг уч ўлчамли моделини яратишга эътибор қаратган.

Бухоро вилояти Когон туманидаги Ҳазрат Баҳоуддин Нақшбанд мажмуасининг уч ўлчамли моделини қуришда юқорида келтирилган бўлимларда яратилган топографик тадқиқотлар асос сифатида қабул қилинган.

Бунда мажмуанинг умумий ер майдони, отметка баландликлари, бино ва иншоотларнинг жойлашуви, нисбий баландлиги ва мақбараларнинг хонақолари дала тадқиқот ишларида мониторинг қилиш усулидан фойдаланиб ўрганилган. Дала тадқиқот ишлари камерал ишларни бажаришда таҳлил қилиниб, маданий мерос объектлари геовизуаллаштирилган ва шакллантирилган электрон рақамли хариталар асосида координаталари геофазовий боғланган.

Уч ўлчамли моделни яратишда Sketch Up дастурининг ҳодиса ва жараёнларнинг моделаштириш қонуниятини инобатга олган ҳолда амалга оширилган бўлиб, мазкур дастурда уч ўлчамли моделларни яратиш билан бирга уларга текстура бериш ва рендом қилиш орқали ҳаётий кўринишга келтириш масалалари таҳлил қилинган. ArcGIS дастурида яратилган электрон рақамли хариталар конвертация қилиш усули ёрдамида Sketch Up дастурий таъминотининг формат бирлигига келтирилган [31; 32;74–82 р. 35; 23-28 р.]. Конвертация қилинган икки ўлчамдаги вектор қатламлари майдонли қатлам кўринишига ўтказилган ва маданий мерос объектларининг нисбий баландлигига кўра баландлик ўқи бўйлаб кўтарилган (3.2.2-расм).

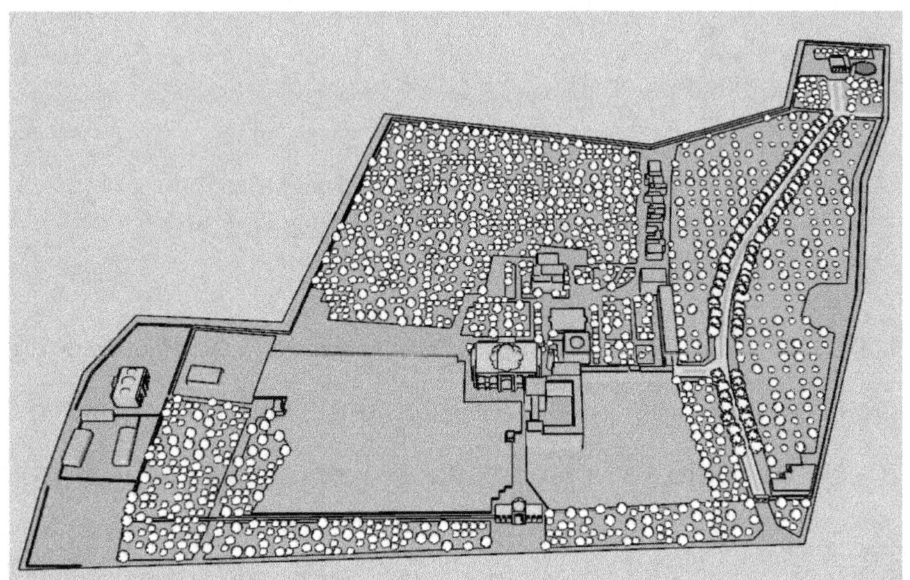

3.2.2-расм. Ҳазрат Баҳоуддин Нақшбанд мажмуасининг уч ўлчамли модели
Муаллиф томонидан яратилган

Яратилган уч ўлчамли модел мултипликацион кўринишга эга бўлиб, унга текстура бериш орқали ҳақиқий кўринишга келтириш мумкин бўлади. Шу сабабли мазкур уч ўлчамли моделни ҳаётий кўринишга келтириш учун текстура бериш ишлари муаллиф томонидан амалга оширилди. Бунда Enscape қўшимча плагинидан фойдаланилди (3.2.3-расм).

3.2.3-расм. Enscape қўшимча плагинидан фойдаланиб уч ўлчамли модел учун орқа фон танланиш жараёни
Муаллиф томонидан яратилган

Мазкур плагинда олиб борилаётган тадқиқот ишидан келиб чиқиб уч ўлчамли модел учун орқа фон танланади ва ҳар бир объектларнинг материалидан келиб чиқиб унга мос равишда текстура берилди [89; 244–251 p. 66; 25-30 p.]. Асосий эътибор ойна ва сув кўринишидаги объектларга қаратилган бўлиб, бунда текстурани танлашда ён атроф таъсири ва нур қайтариш қобилятларидан келиб чиқиб материал танланди ҳамда тадқиқот объекти бўлган Ҳазрат Баҳоуддин Нақшбанд мажмуасининг уч ўлчамли моделига текстура бериш ишлари якунланди (3.2.4-расм).

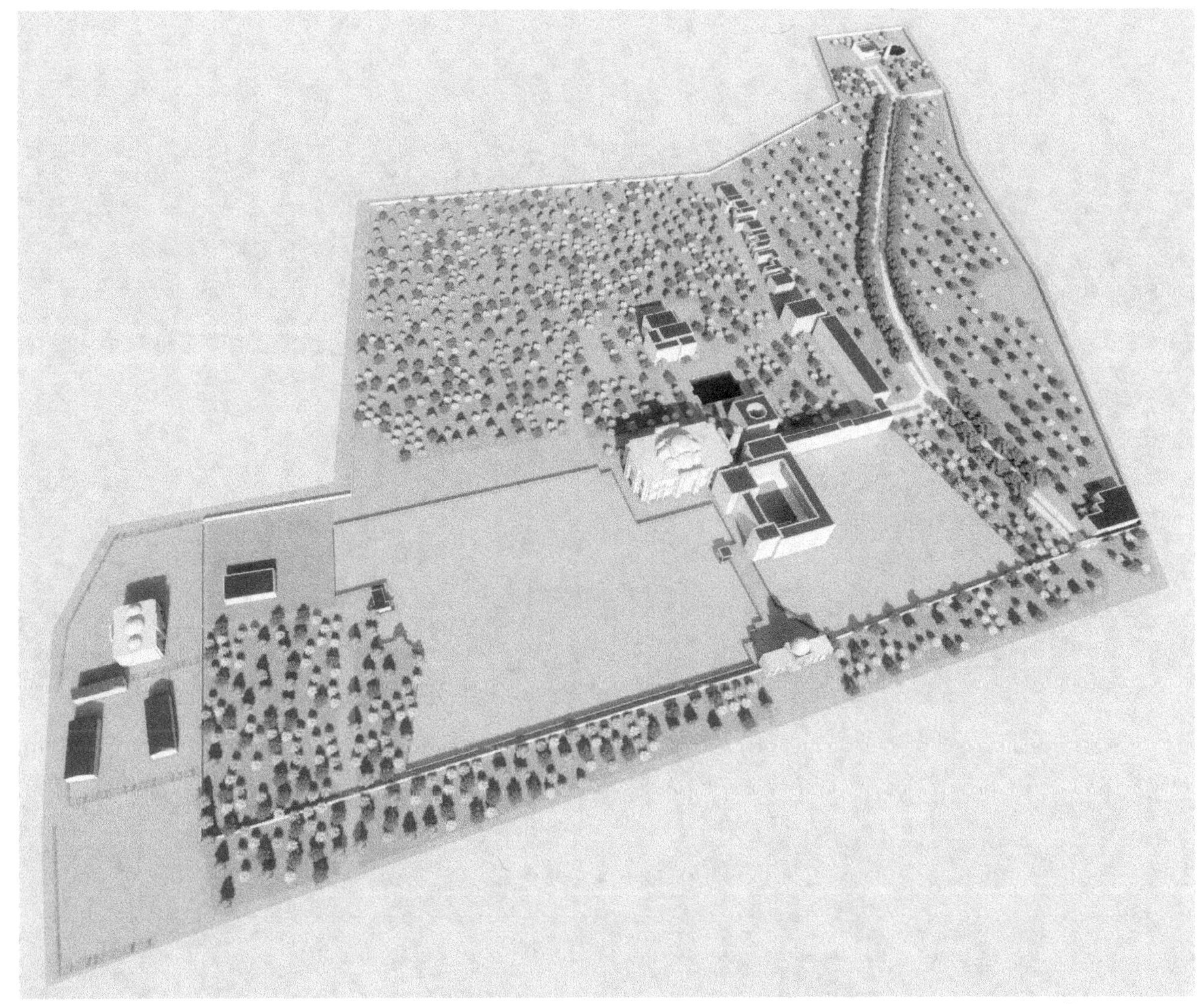

3.2.4-расм. Ҳазрат Баҳоуддин Нақшбанд мажмуасининг текстура берилган уч ўлчамли модели

Муаллиф томонидан яратилган

Яратилган уч ўлчамли моделдан фойдаланиш кўламини кенгайтириш учун, моделнинг формат бирлиги 3D *.daee формат бирлигига экспорт қилинди. Экспор қилинган 3D *.daee формат бирлигидаги тадқиқот объекти уч ўлчамли моделларни яратиш учун мўлжалланган дастурий таъминотларда фойдаланиш учун импорт қилиш имконияти яратилди.

Яратилган уч ўлчамли модел республикамизда туризмни ривожлантириш мақсадида Бухоро вилоятидаги тарихий мажмуаларга ташриф буюруви сайёҳлар томонидан мажмуани масофадан кўриш, танишиш, тасаввур ҳосил қилиш ҳамда мажмуа тўғрисидаги ахборотларни олдиндан билиш имкониятини яратиш учун Google Earth Pro дастурига муаллиф томонидан юкланди (3.2.5-расм).

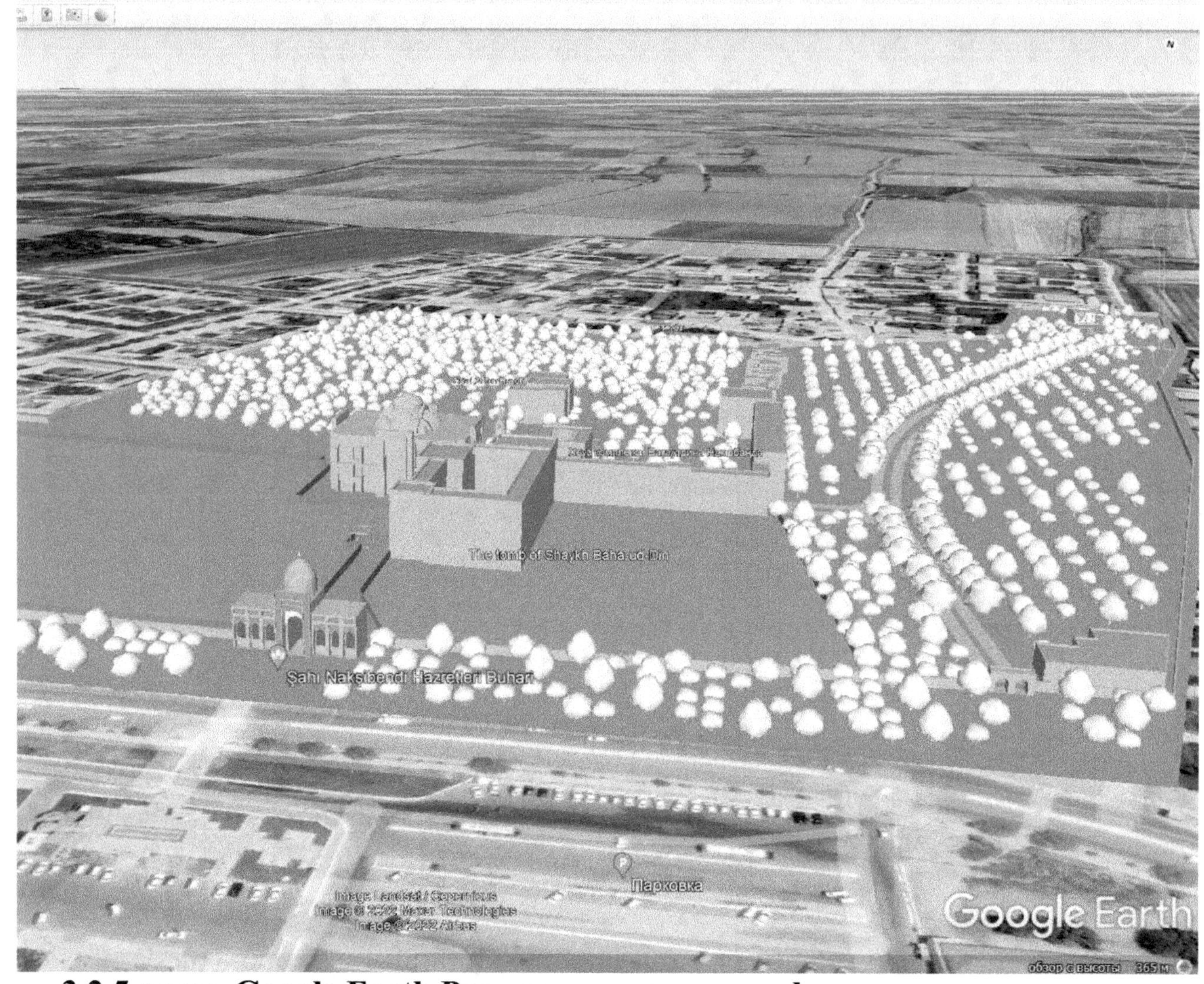

3.2.5-расм. Google Earth Pro дастурига муаллиф томонидан юкланган Ҳазрат Баҳоуддин Нақшбанд мажмуаси

**Муаллиф томонидан яратилган*

Google Earth Pro дастурига юкланган Ҳазрат Баҳоуддин Нақшбанд мажмуасининг уч ўлчамли модел тўғрисида батафсил маълумотларга эга бўлиш мақсадида муаллиф жойларда Insta 360 ONE X 360 даражали камера ёрдамида фото съёмка ишларини олиб борди [52; 1-9 p.]. Insta 360 ONE X 360 даражали камера ёрдамида олиб борилган дала тадқиқот ишлари дастлаб лойиҳа асосида тасвирга олиш йўналиши ва схемалари режалаштирилиб, сўнгра штатив ёрдамида камера мақбул бўлган жойга ўрнатилиб фото съёмка ишлари амалга оширилди [93; 52-54 C.] (3.2.6-расм).

3.2.6-расм. Insta 360 ONE X 360 даражали камера ёрдамида олиб борилган дала тадқиқот ишлари

Олиб борилган фото съёмка ишлари махсус Pantour Pro дастурида фото кадрлар боғланиши ва тур қилиш учун маданий мерос объектларини маршрутли съёмка қилиш усули вертуал - интерактив саёҳат жараёнини яратиш технологиясини инобатга олиб ишлаб чиқилди (3.2.7-расм).

3.2.7-расм. Pantour Pro дастурида фото кадрлар боғланиши ва тур қилиш учун маршрутли съёмка қилиш усули вертуал – интерактив саёҳат жараёнини яратиш технологиясини инобатга олиб ишлаб чиқилган схемаси

Муаллиф томонидан ишлаб чиқилди

Pantour Pro дастурида олиб борилган тадқиқот ишларида Ҳазрат Баҳоуддин Нақшбанд мажмуаси учун жами 52 та фото кадрлардан иборат бўлган 52 та база яратиб чиқилди. Фото кадрларга ўтиш йўллари ҳам жами 52 тани ташкил этди. Лаби ҳовуз ансамбли учун жами 35 та фото кадрлардан иборат бўлган 35 та база яратиб чиқилди. Фото кадрларга ўтиш йўллари ҳам жами 35 тани ташкил этди.

Pantour Pro дастурида фото кадрлар боғланиш жараёнида базалар кетма-кетлиги боғланган ҳолда базаларга тегишли бўлган кадрларни бириктириш ишлари амалга оширилди [70; 264–73 p. 88;87; 1039-1052 p. 96; 55–69 p.].

Маданий мерос объектларини фото камера ёрдамида маршрутли съёмка қилиш ишлари, хаво харорати 20 С ° бўлган ярим очиқ шароитда суратга олинди. Тадқиқотлар натижасига кўра суратга олиш учун тавсия этиладиган масофалар аниқланди ва уларнинг эталони ишлаб чиқилди (3.2.1-жадвал).

3.2.1-жадвал

Маданий мерос объектларининг фото камерада маршрутли съёмка қилиш жадвали

Т/р	Мр.	Масофа, м	Pixel, см	Қамров масофаси, м	Тавсифи	Тавсия этиладиган масофа, м
1	8	10	15x15	20		2
2	12	10	12x12	30		3

3	16	10	10x10	40		4
4	48	10	8x8	70		5
5	62	10	5x5	84		6
6	84	10	3x3	106		7
7	108	10	1x1	132		8

| 8 | Тавсия этилган масофадан объектни суратга олиш орқали Pixel резалюциясини 0,03 см га тенг бўлиши исботланди. |  | Тавсия этилган масофалар асосида. Камера Mega pixel дан келиб чиқиб |

Ҳазрат Баҳоуддин Нақшбанд мажмуасининг фото камерада маршрутли съёмка қилишда, тавсия этиладиган масофа яни 16 Mega pixeli фото камерада диапазони 20x20 масофада суратга олиниб 2 ўлчамли схемаси ишлаб чиқилди (3.2.8-расм)

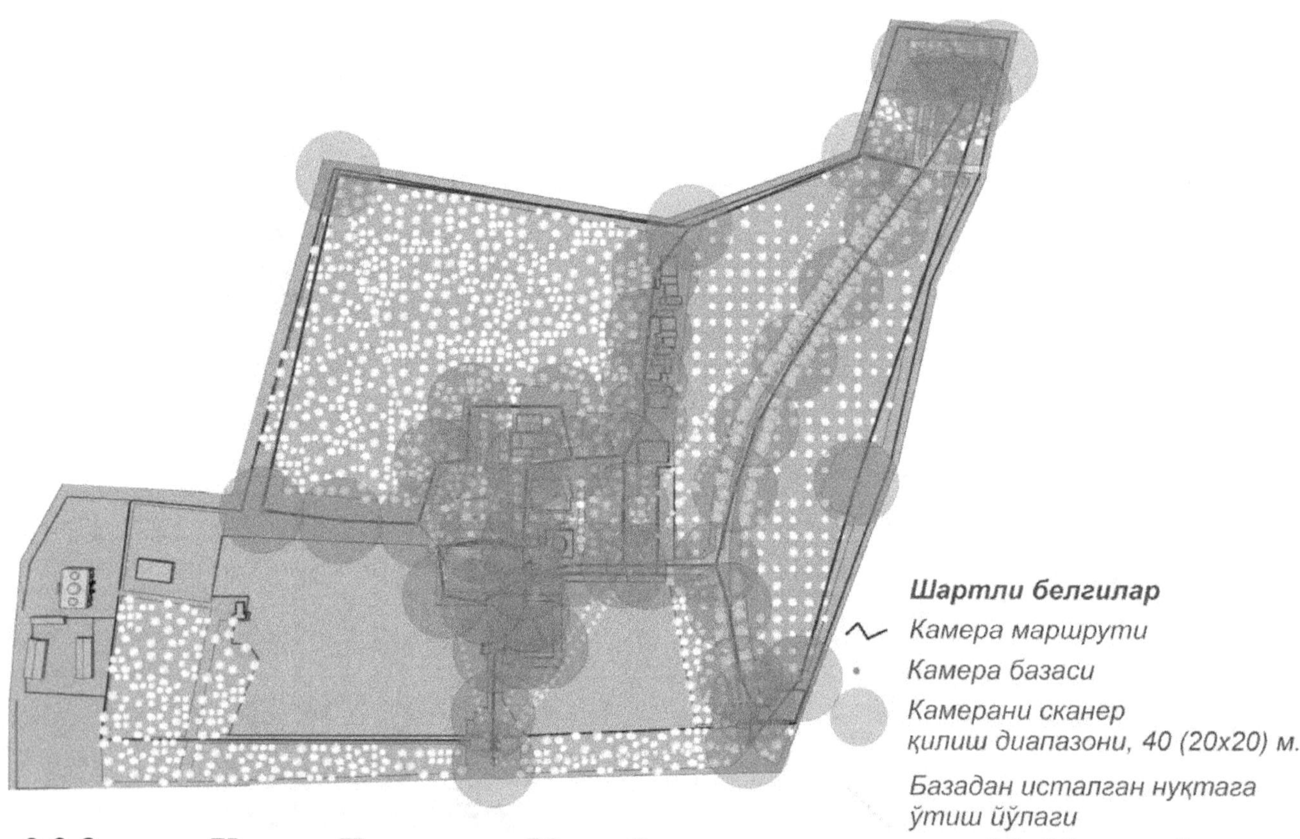

3.2.8-расм. Ҳазрат Баҳоуддин Нақшбанд мажмуасининг 20x20 масофадаги диапазонда маршрутли ссъёмка қилиш схемаси

Базаларни кадрларга бириктириш ва боғлаш ишлари якунга етгач, мажмуада тур уюштириш учун веб дастурлаш тили ёрдамида махсус (https://baxovidin-naqshbandi.vercel.app/) сайтларга жойлаштирилди [99]. Мазкур виртуал тур саёҳат уюштириш мақсадида олиб борилган тадқиқотлар Ҳазрат Баҳоуддин Нақшбанд мажмуаси бўйича яратилди (3.2.9-расм).

3.2.9-расм. Ҳазрат Баҳоуддин Нақшбанд мажмуасининг 360 даражали виртуал тур саёҳат портали

Муаллиф томонидан суратга олинган

Тадқиқотлар давомида базаларни кадрларга бириктириш ва боғлаш ишлари Лаби ҳовуз ансабли учун ҳам веб дастурлаш тили ёрдамида махсус (https://labi-hovuz.vercel.app/) сайтларга жойлаштирилди [100] (3.2.10-расм).

3.2.10-расм. Лаби ҳовуз ансаблининг 360 даражали виртуал тур саёҳат портали

Муаллиф томонидан суратга олинган

Мазкур тадқиқот ишлари олиб борилган ҳудудларнинг виртуал турини Google Earth Pro дастурига юклаш бўйича илмий изланишлар олиб борилган бўлиб, бунда объектларнинг яратилган уч ўлчамли моделларига виртуал турнинг электрон манзилини белги қўйиш йўли билан амалга оширилди (3.2.11-расм).

3.2.11-расм. Google Earth Pro дастурига Pantour Pro дастури ёрдамида яратилган виртуал турни юклаш ойнаси

Муаллиф томонидан ишлаб чиқилган

Google Earth Pro дастурига юкланган ва электрон манзил орқали боғланган виртуал тур 3.2.10-расмда кўрсатилгани каби электрон манзил устига босилади ва натижада виртуал тур ойнаси юкланиб тарихий мажмуа ва мақбараларни реал кўриш имониятини 3.2.9-расмда келтирилгани каби беради.

Маданий мерос объектларини уч ўлчамли моделини яратиш ва виртуал турини ишлаб чиқиш бўлимига бағишланган илмий изланишлар натижасида Бухоро вилоятидаги йирик ва сайёҳларни ўзига жалб қилувчи тарихий обидалар ўрганилди ва уларнинг электрон рақамли хариталари, уч ўлчамли модели ва виртуал саёҳат турлари муаллиф томонидан яратилди.

3.3. Атрибутив маълумотлар асосида маданий мерос объектлари давлат кадастрининг геопорталини ишлаб чиқиш

Ўзбекистон Республикасида 2020 йилдан бошлаб барча рақамли кадастр маълумотларини геопорталга юклаш орқали рақамли маълумотлар очиқлигини таъминлашга эришилган. Дастлаб геопорталда Ўзбекистон Республикаси Давлат солиқ қўмитаси ҳузуридаги Кадастр агентлигининг бино ва иншоотлар ҳамда ер кадастри тўғрисидаги географик ва атрибутив маълумотлари жойлаштирилди. Хозирда Кадастр агентлиги республикамиздаги мавжуд жами 20 та давлат кадастри маълумотларини геопорталга юклаш бўйича кенг кўламли ишларпи олиб бормоқда. Тадқиқот ишида маданий мерос объектлари давлат кадатри объектларини геопорталга жойлаштириш, уларни геовизуаллаштириш ҳамда масофадан туриб маданий мерос объектлари тўғрисидаги ахборотлар билан танишиши кўламини кенгайтириш мақсадида маданий мерос геопорталини ишлаб чиқилди.

Геопортал - фазовий маълумотлар билан ишлаш учун дастурий ва технологик ёрдам саналади. Унинг асосий вазифаси фойдаланувчига фазовий (географик) маълумотларни сақлаш ва каталоглаштириш, нашр этиш ва юклаб олиш, метамаълумотлар бўйича қидириш ва фильтрлаш, интерактив веб-визуаллаштириш, харитавий веб-хизматларга асосланган геомаълумотларга тўғридан-тўғри кириш учун воситалар ва хизматлар билан таъминлашдан иборат.

“Геопортал” атамасининг турли ҳил таърифлари мавжуд уни “веб-хариталаш воситалари” сифатида бироз соддалаштирилган идрок этишдан тортиб, ахборот ва маълумот тизимларида кенг тарқалган сунъий йўлдош тасвирларидан (масалан, Google хариталари ва Yandex хариталари хизматлари) фойдаланиш орқали фазовий маълумотлар инфратузилмаси элементларидан бири сифатида тавсифланади [72;77]. Шу билан бирга маданий мерос объектлари давлат кадастри геопорталини яратишда тадқиқот олиб борилди ва технологик тизими ишлаб чиқилди (3.3.1-расм).

3.3.1-расм. Маданий мерос объектлари давлат кадастри геопорталини ишлаб чикишнинг технологик тизими

Муаллиф томонидан ишлаб чиқилган

3.1.1-расмда таклиф қилинган маданий мерос объектлари учун геопортал яратишнинг технологик тизимидан фойдаланиб, тадқиқот давомида яратилган электрон рақамли хариталардан фойдаланилди. Бунда геомаълумотлар базасидаги мавзули қатламлар яъни, архитектура ёдгорлиги, археология ёдгорлиги, диққатга сазовор жойлар ва монументал санъати ёдгорликлари танлаб олинди. Олинган мавзули қатламлар геомаълумотлар базасидан геопортал яратиш учун KML формат бирлигига конвертация қилинди. Конвертация қилинган тўрт турдаги маданий мерос объектларининг мавзули қатламлари "google" компанияси томонидан яратилган виртуал хотирага юклаб олинди. Бундан асосий мақсад мавзули қатламларни веб браузерга юклашда хатоликларни олдини олишдан иборат. Юклаб олинган мавзули қатламлар яратилаётган геопорталнинг қатламлар билан ишлаш бўлимига юклаб олинди (3.3.2-расм).

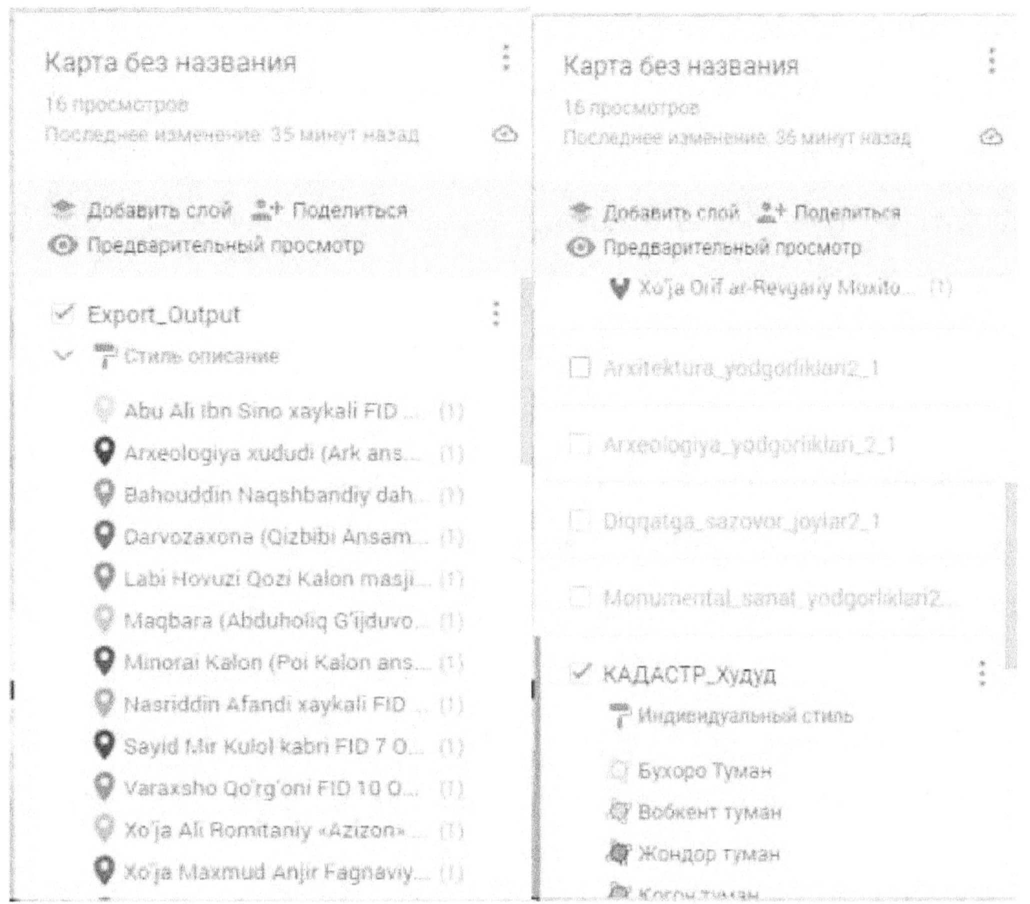

3.3.2-расм. Геопорталнинг қатламлар билан ишлаш бўлими
Муаллиф томонидан ишлаб чиқилган

Геопортални яратишда Gmail электрон манзилдан почта яратилган бўлиши талаб этилади [20; 1645–1658 p. 21; 905–914 p. 22; 77–96 p.]. Геопорталда геовизуаллаштириладиган маданий мерос объектларининг топографик асосига космосурат ёки физиологик хариталарни қўйиш орқали кўрувчанлик ва ориетирлаш имкониятларини ошириш мумкин бўлади. Мазкур тадқиқот ишида ҳар иккала топографик асос фойдаланиш учун фаоллаштирилди.

Мазкур геопорталга қўшимча мавзули қатлалмарни юклаб олиш ёки веб браузерни ўзида қатлам яратиб маданий мерос объектларни шакллантириш имкониятлари яратилган. Шу билан бирга геопорталдан фойдаланишда яратувчи муаллиф томонидан фойдаланувчилар руйхатдан ўтиб рухсат сўрашлари талаб этилади.

Муаллиф рухсат бергандан сўнг фойдаланувчилар геопорталга киришлари мумкин бўлади (3-илова).

Дастлаб фойдаланувчи ўзи тўғрисидаги қисқа маълумотларини ва телефон рақамини ёзиб геопортал админстарциясига юбориш лозим бўлади. Сўнгра мазкур хабарни олган админстрация ходими фойдаланиш учун рухсат сўраган обонентни электрон руйхатга олиб, рухсат беради. Рухсат берилгач, фойдаланувчининг электрон манзилига фойдаланишга рухсат этилганлиги тўғрисидаги хабар юборилади.

Хабар юборилгач масуллар томонидан рухсат тугмаси босилгандан сўнг, фойдаланувчи обонентларнинг электрон манзилига рухсат этилганлиги тўғрисидаги хабар келиб тушади. Мазкур геопорталнинг электрон манзилига қайта кириш орқали маданий мерос обеъектларидан фойдаланиш мумкин бўлади. Фойдаланувчиларга кўриш ҳуқуқи берилади. Ўзгартириш ва қўшимчаларни киритиш ҳуқуқи фақатгина администраторда мавжуд бўлади (3.3.3-расм).

Гепорталда маданий мерос объектларини геовизуаллаштиришда веб дастурлаш тилининг Java Script кўп парадигмали дастурлаш тили танланган бўлиб, барча веб дастурлаш ишларига мазкур усул тавсия этилади. Мазкур дастурлаш тили веб дастурлашда қулай ва олдиндан дастурчилар томонидан яратилган шаблонлари мавжуд бўлиб, шаблонларга тематикаларни киритиш орқали дастурлаш ишларини тез ва самарали амалга ошириш мумкин бўлади [25; 49–69 р. 29; 1177–1200 р. 24; 126–133 р.] (4-илова).

Геопорталдаги маданий мерос объектлари нуқтали қатламларда шакллантирилди. Геопорталга юқоридаги бўлимларда яратилган виртуал тур ва майдонли қатламларни ҳам киритиш орқали, фойдаланиш кўламини кенгайтириш мумкин бўлади.

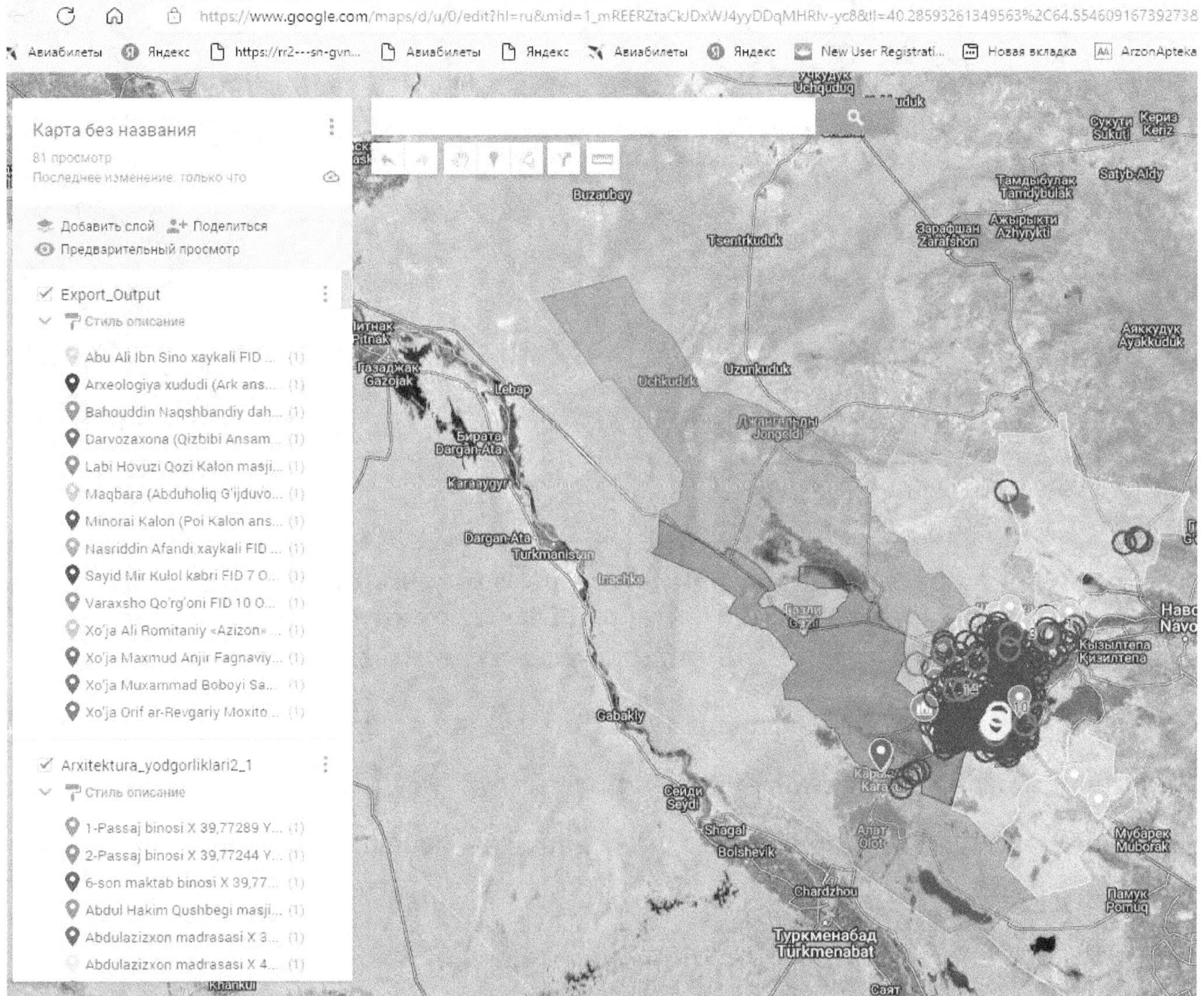

3.3.3-расм. Фойдаланувчи абонентлар томонидан геопорталга кириш ва фойдаланиш ойнаси

Бунда геомаълумотлар базасидаги майдон кўринишида шакллантирилган маданий мерос объектлари ва виртуал турнинг веб электрон манзили керак бўлади. Мазкур маълумотлар олингач майдон кўринишидаги вектор қатламлар KML формат бирлигига конвертация қилиниб веб порталнинг ўзида ипморт қилиб олинади. Виртуал турнинг электрон манзилидан нусҳа олиниб геопорталда нуқтали қатлам киритилади ва нусҳа олинган электрон манзил қуйилади (3.3.4-расм).

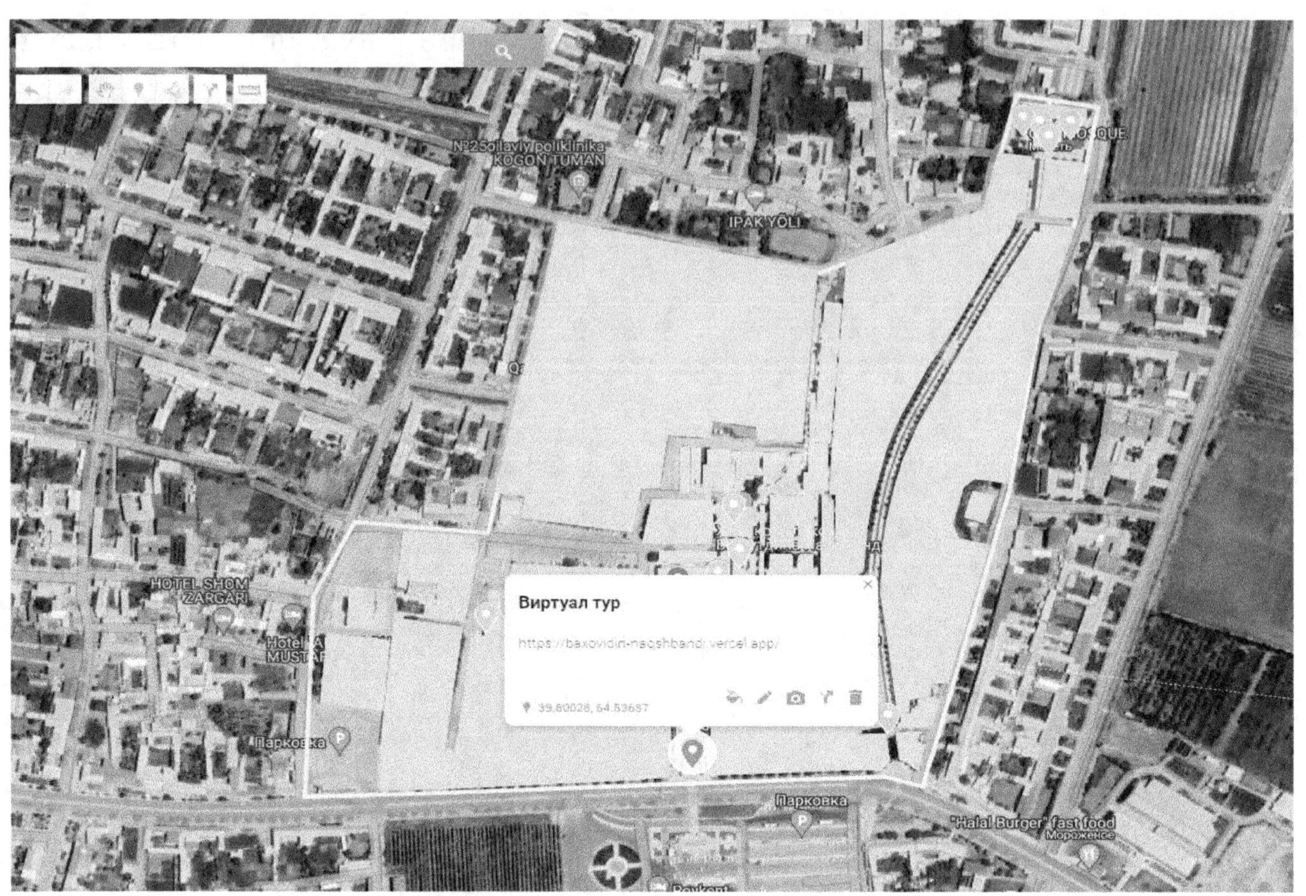

3.3.4-расм Java Script кўп парадигмали дастурлаш тили асосида яратилган геопорталда майдонли маданий мерос объектларини геовизуаллаштириш ва виртуал турини активлаштириш дарчаси

Геопорталда геовизуаллаштирилган ва киритилган виртуал турнинг электрон манзилини босиш орқали виртуал тур учун янги дарча очилади ва маданий мерос объектларини тадқиқ этиш ёки масофадан кўриш имконияти тақдим этилди.

Учинчи боб хулосаси

Маданий мерос объектлари давлат кадастрининг уч ўлчамли моделини яратиш, виртуал турини ишлаб чиқиш ва уларни геопорталда геовизуаллаштириш орқали такомиллаштириш таҳлил қилиниб, қуйидаги хулосаларга келинди:

1. Маданий мерос объектлари учун яратилган геомаълумотлар базасидаги 4 та мавзули қатламларини шакллантириш ва уларнинг атрибутив устун маълумотлари типларини такомиллаштириш орқали маданий мерос объектлари давлат кадастрини республика бўйича тизимли юритилишини таъминлаш ҳамда ҳукуматга интерактив хизмат кўрсатишга замин яратилди. Натижада Бухоро

вилоятидаги маданий мерос объектларининг геомаълумотлар базасини шакллантириш 36% аниқланиб, уни 100% га етказиш учун маданий мерос объектлари давлат кадастрини юртиш механизмини такомиллаштирилди;

2. Тадқиқот ҳудудидаги Ҳазрат Баҳоуддин Нақшбанд мажмуасининг уч ўлчамли модели яратилди. Яратилган моделга текстура бериш орқали объект реаллаштирилди. Яратилган уч ўлчамли модел республикамизда туризмни ривожлантириш мақсадида Бухоро вилоятидаги тарихий мажмуаларга ташриф буюрувчи сайёҳлар томонидан мажмуани масофадан кўриш, танишиш, тасаввур ҳосил қилиш ҳамда мажмуа тўғрисидаги маълумотларни олдиндан билиш имкониятини яратиш учун Google Earth Pro дастурига юкланди;

3. Ҳазрат Баҳоуддин Нақшбанд мажмуасининг виртуал тури яратилиб веб дастурлаш тили ёрдамида махсус (https://baxovidin-naqshbandi.vercel.app/) сайтга жойлаштирилди;

4. Тадқиқот ҳудудидаги жами 829 та маданий мерос объектларининг геопортали яратилиб, унга уч ўлчамли модел ва виртуал тур маълумотлари интеграция қилиш усули такомиллаштирилди. Натижада геопорталда геовизуаллаштирилган ва киритилган виртуал турнинг электрон манзилини босиш орқали виртуал тур учун янги дарча очилади ва маданий мерос объектларини тадқиқ этиш ёки масофадан кўриш имконияти тақдим этилди.

ХУЛОСАЛАР

Маданий мерос объектлари давлат кадастрининг географик ахборот базасини шакллантириш услубини такомиллаштириш (Бухоро вилояти мисолида) мавзусидаги фалсафа доктори (PhD) диссертация бўйича олиб борилган тадқиқотлар асосида қуйидаги хулосалар тақдим этилди:

1. Ўзбекистон Республикаси бўйича 8210 та маданий мерос объектлари мавжуд. Шундан Археологик ёдгорликлари 4797 та, Архитектура ёдгорликлари 2266 та, Монументал санат ёдгорликлари 617 та, Диққатга сазовор жойлар 530 тани ташкил этади. Мазкур маданий мерос объектларининг жами 8210 та объектидан 2984 таси геомаълумотлар базасида шакллантирилганлиги мониторинг қилиш натижасида аниқланди;

2. Геомаълумотлар базасида маданий мерос оъектлари умумий ҳисобга кўра 36% шакллантирилганлигини аниқланиб, уни 100% га етказиш учун маданий мерос объектлари давлат кадастрини юртиш механизмини такомиллаштирилди;

3. Маданий мерос объектларининг геомаълумотлар базасини яратиш ва мавзули қатламларини шакллантириш механизми ишлаб чиқилди. Бухоро вилояти бўйича танлаб оланган жами 14 та объект GNSS қурилмаси ёрдамида съёмка қилиниб, топографик планлари яратилди. Натижада геомаълумотлар базасида шакллантириш учун вектор қатламларни конвертация қилиш механизми модуллаштирилди;

4. Маданий мерос объектлари учун яратилган геомаълумотлар базасидаги 4 та мавзули қатламларни шакллантириш ва уларнинг атрибутив устун маълумотлари типларини такомиллаштириш Республика бўйича тизимли юритилишини таъминлаш ҳамда ҳукуматга интерактив хизмат кўрсатишга замин яратилди. Натижада Бухоро вилоятидаги маданий мерос объектларининг геомаълумотлар базасини шакллантириш 36% дан 100% га оширилади;

5. Тадқиқот ҳудудидаги жами 829 та моддий маданий мерос объектлари нуқтали кўринишда географик жойлашуви рақамлаштирилиб, шулардан Бухоро шаҳридаги жами 348 та маданий мерос объектлари майдонли кўринишида

рақамлаштирилди. Бухоро шаҳридаги 348 та моддий маданий мерос объектлари 1:2 500 масштабда геовизуаллаштирилган;

6. Тадқиқот ҳудудидаги Ҳазрат Баҳоуддин Нақшбанд мажмуасининг уч ўлчамли модели яратилди. Моделнинг текстураси орқали объект реаллаштирилди. Яратилган уч ўлчамли модел республикамизда туризмни ривожлантириш мақсадида Бухоро вилоятидаги тарихий мажмуаларга ташриф буюрувчи сайёҳларга мажмуани масофадан кўриш, танишиш, тасаввур ҳосил қилиш ҳамда ҳамда бошқа маълумотларни олдиндан билиш имкониятини яратиш учун Google Earth Pro дастурига юкланди. Ҳазрат Баҳоуддин Нақшбанд мажмуасининг виртуал тури яратилиб веб дастурлаш тили ёрдамида махсус (https://baxovidin-naqshbandi.vercel.app/) сайтга жойлаштирилди;

7. Ривожланган хорижий мамлакатлар тажрибаси ўрганилиб, ресспубликамизда мадаий мерос объектларининг веб-платформасини яратиш ва туризм соҳасини ривожлантириш стратегияси ишлаб чиқилди;

8. Тадқиқот ҳудудидаги барча маданий мерос объектларининг геопортали яратилиб, унга уч ўлчамли модел ва виртуал тур маълумотлари интеграция қилиш усули такомиллаштирилди. Тадқиқотлар натижасида геопорталдаги ахборотлар геовизуаллаштирилган ва объектларни виртуал электрон манзилининг дарчаси очилади ва маданий мерос объектларини масофадан кўриш имконияти яратилди.

АДАБИЁТЛАР

Норматив-ҳуқуқий ҳужжатлар ва методологик аҳамиятга молик нашрлар

1. Ўзбекистон Республикаси Президенти Ш.М.Мирзиёевнинг «Ер ҳисоби ва давлат кадастрларини юритиш тизимини тубдан такомиллаштириш чора-тадбирлари тўғрисида»ги ПФ-6061-сон Фармони. 2020 йил 7 сентябр.

2. Ўзбекистон Республикаси Вазирлар Маҳкамасининг "Маданий мерос объектларини муҳофаза қилиш ва улардан фойдаланишни янада такомиллаштириш чора-тадбирлари тўғрисида"ги 269-сонли қарори 2002 йил 29 июль.

3. Ўзбекистон Республикаси Вазирлар Маҳкамасининг "Маданий мерос объектларини муҳофаза қилиш ва улардан фойдаланиш тўғрисида"ги 265-сон қарори, 30.03.2019 йил.

4. «Ўзбекистон Республикаси Маданият вазирлиги фаолиятини такомиллаштириш чора-тадбирлари тўғрисида» ПҚ-4730-сон қарори 26 май 2020 йил.

5. Ўзбекистон Республикаси Президентининг «Моддий маданий мерос объектларини муҳофаза қилиш соҳасидаги фаолиятни тубдан такомиллаштириш чора-тадбирлари тўғрисида» 2018 йил 19 декабрдаги ПҚ-4068-сон қарорига

6. Ўзбекистон Республикаси Вазирлар Маҳкамасининг "Моддий маданий мероснинг кўчмас мулк объектлари миллий рўйхатини тасдиқлаш тўғрисида" 846-сон қарори 2019 йил 4 октябрдаги

7. Ўзбекистон Республикаси Вазирлар Маҳкамасининг "Моддий маданий мерос объектлари ва юнесконинг умумжаҳон мероси рўйхатига киритилган ҳудудлар муҳофазасини кучайтириш чора-тадбирлари тўғрисида" 119-сон қарори 2021 йил 3 март

8. Ўзбекистон Республикаси Президенти Ш.М.Мирзиёевнинг «2022 — 2026 йилларга мўлжалланган янги ўзбекистоннинг тараққиёт стратегияси тўғрисидги ПФ-60-сон Фармони. 2022 йил 28 январ.

9. Ўзбекистон Республикаси Вазирлар Маҳкамасининг "Ўзбекистон Республикасида ер мониторинги тўғрисида низомни тасдиқлаш ҳақида" 496-сон қарори, 23.12.2000 йил

10. Ўзбекистон Республикаси Президентининг "Ўзбекистон Республикасида космик фаолиятни ривожлантириш тўғрисида" ПФ-5806-сон ги Фармони 30 август 2019 йил

11. Ўзбекистон Республикасининг "Электрон ҳисоблаш машиналари учун яратилган дастурлар ва маълумотлар базаларининг ҳуқуқий ҳимояси тўғрисида"ги 1060-XII-сон Қонуни 6 май1994 йил

II. Монография, илмий мақола, патент, илмий тўпламлар

12. Abdullayev T.M., Inamov A.N. Diagnosis of spatial photo errors in geophysical connection //O`zbekiston zamini jurnali – Toshkent, 2020, 1-son, 23-26-б.

13. Абдурахмонов С.Н., Инамов А.Н. Геомаълумотлар базасида объектларини шакллантириш усулларини такомиллаштириш // Ўзбекистон қишлоқ хўжалиги журналининг "Агро илм" илмий иловаси – Тошкент 2017. 5(49). 76-77-б.

14 Абдурахмонов С.Н., Инамов А.Н. Давлат геодезия пунктларини рақамлаштириш ва объектларни мазкур пунктларга боғлаш // Ўзбекистон Республикаси "Ергеодезкадастр" давлат қўмитаси ахборотномаси – Тошкент 2013. 2-сон. 14-б.

15. Abduraxmonov S. Geoinformatic Systems and Technologies (GAT) and Information on the Use of GPS Accessories in Integrated Demographic Process //International Journal of Multidisciplinary Research and Publications (IJMRAP) ISSN (Online): 2581-6187. India, 2019.

16. Авезбоев С., Авезбоев О.С. Геомаълумотлар базаси ва архитектураси - Т.: 2015. 170-бет

17. Антипова Е.А. Опыт использования ГИС-технологий в географии населения // www.pdffactory.com.

18. Афанасьев Г. Е., 2004. Основные направления применения ГИС- и ДЗ-технологий в археологии // Круглый стол "Геоинформационные технологии в

археологических исследованиях" (Москва, 2 апреля 2003 г.): Сб. докл. [Электронный ресурс].

19. Архипенко О.П., Мандругин В.В. Принципы организации работ по внедрению геопортала // ГЕО-СИБИРЬ-2011: сб. материалов VII Междунар. науч. конгр., 19–29 апр. 2011 г. Новосибирск: СГГА, 2011. Т. 1.Ч. 1. С. 221–225.

20. Albano, R., A. Sole, and J. Adamowski. 2015. "READY: a Web-Based Geographical Information System for Enhanced Flood Resilience Through Raising Awareness in Citizens." Natural Hazards And Earth System Sciences 15 (7): 1645–1658. doi:10.5194/nhess-15-1645-2015.

21. Altartouri, Anas, Ehrnsten Eva, Helle Inari, Venesjärvi Riikka, and Jolma Ari. 2013. "Geospatial Web Services for Responding to Ecological Risks Posed by Oil Spills." Photogrammetric Engineering and Remote Sensing 79 (10): 905–914.

22 . Anderson, Katherine, Barbara Ryan, William Sonntag, Argyro Kavvada, and Lawrence Friedl. 2017. "Earth Observation in Service of the 2030 Agenda for Sustainable Development." Geo-spatial Information Science 20 (2): 77–96. doi:10.1080/10095020.2017.1333230.

23. Афанасьев Г. Е., 2004. Основные направления применения ГИС- и ДЗ-технологий в археологии // Круглый стол "Геоинформационные технологии в археологических исследованиях" (Москва, 2 апреля 2003 г.): Сб. докл. [Электронный ресурс].

24. Bermudez, Luis. 2017. "New Frontiers on Open Standards for Geo-Spatial Science." Geo-spatial Information Science 20 (2): 126–133. doi:10.1080/10095020.2017.1325613.

25. Beaumont, Peter, Paul A. Longley, and David J. Maguire. 2005. "Geographic Information Portals—A UK Perspective." Computers, Environment and Urban Systems 29 (1): 49–69. doi:10.1016/s0198-9715(04)00048-1.

26. Берлянт А.М. Картография. - М.: Аспект Пресс, 2002 -162 с.

27. Баранский Н.Н. Экономическая география. Экономическая картография. - М.: Географгис 1960. -452 б.

28. Бириксин В.М. Технология создания комплексного банка данных дистанционного зондирования «МАК-2008» / Barnaul: Izd-voAlt. un-ta, 2008. - S. 40-41.

29. Belehaki, Anna, Mike Hapgood, Natalia Manola, Spiros Ventouras, Sarah James, George Athanasopoulos, Antonis Lempesis, Stefania Marziou, Jurgen Watermann, the ESPAS team. 2016. "The ESPAS e-Infrastructure: Access to Data from Near-Earth Space." Advances in Space Research 58 (7): 1177–1200. doi: 10.1016/j.asr.2016.06.014.

30. Dietz T., Rosa E.A., York R. 2007. Driving the human ecological footprint. Frontiers in Ecology and Environment, 5(1): 13–18-p.

31. Development of rotation scanner, testing of laser scanners / B. Koska и др.// INGEO 2004 and Regional Central and Eastern European Conference on Engineering Surveying, Bratislava, Slovakia, Novermber 11 13, 2004.

32. Dörstel C. DMC – photogrammetric accuracy – calibration aspects and generation of synthetic DMC images / C. Dörstel, K. Jacobsen, D. Stallmann // Procs. 6th Conference on Optical 3-D Measurement Techniques, Zurich, Switzerland, September 22–25, 2003. 74–82-p,

33. Федеральный закон «Об объектах культурного наследия (памятниках истории и культуры) народов Российской Федерации» № 73-ФЗ от 25.06.2002.

34. Гулямова Л., Сафаров Э., Абдуллаев И. Геоахборот тизимлари ва технологиялари. (1-2 қисм)., Тошкент, 2013. - 165 б.

35. Georgantas A. Image to point cloud method of 3D-modeling / A. Georgantas, M. Brédif, M. Pierrot-Desseilligny// ISPRS Annals of the Photogrammetry, Remote Sensing and Spatial Information Sciences XXII ISPRS Congress, Commission III/4, 25 August – 01 September 2012, Melbourne, Australia. – 2012. – Vol. XXXIX-B3. – 23-28-p.

36. GÜRLEYEN, Safa Burak. "Kültürel Varlıkların Yönetiminde Semantik Ağ ve Coğrafi Bilgi Teknolojileri Çerçevesinde Bir Sürdürülebilirlik Yaklaşımı: Konumsal Semantik Kültür Ağı (KoSeKA) Modeli", Doktora Tezi, Ankara, 2020.

37. Hakimov B.B., Inamov A.N., Allanazarov B.A. Topographical survey through geodetic measurements of ground and underground electric lines and regulation of land use in research area//International Journal of Advanced Research in Science, Engineering and Technology. ISSN: 2350-0328. Vol. 6, Issue 11, November 2019. 11538-11543-p.

38. Ихлосов И., Ризаева Д. "Давлат кадастри асослари"ношир 2019. 248б.

39. Исломов У.П., Инамов А.Н. Замонавий GPS приёмникларидан GNSS приёмникларини афзалликлари ва имкониятлари// Научный журнал, Интернаука №3(9) – Москва., 01.03.2018. - 241-264 с.

40. Исломов У.П., Инамов А.Н. Замонавий GPS приёмникларидан GNSS приёмникларини афзалликлари ва имкониятлари// Научный журнал, Интернаука №3(9) – Москва 2018. 241-264-с.

41. Инамов А.Н., Лапасов Ж.О., Маматқулов З.Ж. GPS навигаторлари ёрдамида мақбуллаштириш ишларини амалга оширишда эришиладиган иқтисодий самарадорлик кўрсаткичлари // Агро илм. – Тошкент 2018. 88-92-б.

42. Инамов А.Н., Миржалолов Н.Т. GeoGIS дастури ёрдамида сунъий йўлдошга боғланиш ва GPS съёмкаларини бажариш//Научный журнал, Интернаука №14(48) – Москва 2018. 63-65-с.

43. Инамов А.Н., Муслмбеков Б. Топографик карталарда нуқталарнинг баландликларини аниқлаш услубини такомиллиштириш// Агроиқтисодиёт. – Тошкент 2019. 177-179-б.

44. Инамов А.Н., Лапасов Ж.О., Маматқулов З.Ж. GPS навигаторлари ёрдамида мақбуллаштириш ишларини амалга оширишда эришиладиган иқтисодий самарадорлик кўрсаткичлари // Агро илм. – Тошкент 2018. 88-92-б.

45. Joumana Boustany. Cultural heritage in France. [Research Report] Université Gustave Eiff el. 2019. hal-03620235

46. Кавешников М.Б., Маслаков А.А., Герасимова Н.В., Методика нанесения горизонталей на топографические карты по материалам воздушного лазерного сканирования // Изв. вузов. Геодезия и аэрофотосъёмка. – 2009. – № 1. – С. 28-33.

47. Кошкарев А.В. Картографическая визуализация на геопорталах ИПД // Геодезия, картография и маркшейдерия: материалы Всероссийской науч. Интернет-конференции. Казань: Индивидуальный предприниматель Синяев Дмитрий Николаевич, 2014. С. 18–25.

48. Кошкарев А.В., Ряховский В.М., Серебряков В.А. Инфраструктура распределенной среды хранения, поиска и преобразования пространственных данных // Открытое образование, 2010, № 5. С. 61–73. URL: http://seminar2010.fegi.ru/tezis/cat_view/7 (дата обращения: 10.10.2015).

49. Лапасов Ж.О. Электрон карталарни маҳаллийлаштириш муаммолари ва уларни ечиш усуллари // "Ўзбекистон Қишлоқ хўжалиги" журнали, №9 2012 й. 36-б. (05.00.00, №8)

50.Лапасов Ж.О., Инамов А.Н. Геодезик ва геоинформатик ишларни такомиллаштириш // Ўзбекистон Қишлоқ хўжалиги журнали. №8 2014 й. 38-б. (05.00.00, №8)

51. Лапасов Ж.О., Инамов А.Н. Сунъий йўлдош материаллари асосида томорқа ерларини камерал шароитда ер майдонини ўлчамини ҳисоблаш ва рақамли харитани яратиш масалалари // Архитектура – курилиш фани ва даври XXI анъанавий конференция. Тошкент шаҳри, ТАҚИ 2012 й. 124-126-б.

52. Lee T.N., Kvapil L., Fillwalk J., Frischer B., Investigating the Effectiveness of Problem-Based Learning in 3D Virtual Worlds. A Preliminary Report on the Digital Hadrian's Villa Project, Pro-ceedings of the 2012 Conference of Computing Applications to Archaeology, Southampton, UK, 26-29 marzo 2012, Perth, 2013, pp.1-9.

53. Мусаев И.М., Сафаров Э.Ю. Геоахборот тизим ва технологиялар. Т., Тафаккур 2012. 160-б.

54. Мусаев И.М., Абдурахмонов С.Н. ArcGIS дастури асосида қишлоқ хўжалик карта ва планларини тузиш // Ўзбекистон Республикаси "Ергеодезкадастр" давлат қўмитаси ахборотномаси. 2-сон. – Тошкент., 2013. - 18-19 б.

55. Мухторов Ў.Б., Инамов А.Н., Исломов Ў.П. Геоахборот тизим ва технологиялар. - Тошкент 2019. 259-б.

56. Мартынов А. Ф., Мировая и отечественная культура. памятники истории и культуры. сравнительный анализ национальных законодательных актов россии и италии в сфере сохранения недвижимого культурного наследия//Интеллигенция и мир. 2022. № 3. С. 155—182.

57. Маслаков А.А., Моделирование сложных объектов на основе данных лазерной локации // Изв. вузов. Геодезия и аэрофотосъёмка. – 2007. –

№ 6. – С. 140-147.

58. Маслаков А.А., Расширение возможностей Autodesk 3ds Max для импорта данных лазерной локации // ВИНИТИ, Москва, 2009г.; Деп. в ВИНИТИ 26.02.09, N102- В 2009г.

59. Миронова Ю.Н. Геоинформационные системы и Интернет // Молодой ученый. 2015. №12.1. С. 39–42.

60. Нишонбоев Н. Давлат кадастри асослари. Ўқув қўлланма. Т.ТАҚИ, 2007 – 126 б.

61. Охунов З., Абдуллоев И., Рўзиев А., Якубов Ғ. Маълумотларни олиш ва интеграцилаш тошкент – 2015, 300 б

62. Ormsby, Napoleon, Burke, Groessi, Bowden. GIS, spatial analysis and modeling//ESRI Press,380 NewYork Street, Redlands, California 92373-8100. 2010 y.

63. Ormsby, Napoleon, Burke, Groessi, Bowden. Getting to know ArcGIS desktop//ESRI Press, 380 NewYork Street, Redlands, California 92373-8100. 2010 y.

64. Ойматов Р., Усмонова Х. Кадастр ва картографияга назар // Ўзбекистон қишлоқ хўжалиги журнали. 10-сон, 2015 й., 41-б.

65. Ойматов Р.К., Маматқулов З.Ж., Мақсудов Р.И. Қишлоқ хўжалиги ерларидан самарали фойдаланишда масофадан зондлаш методларини қўллаш // Агроиқтисодиёт. – Тошкент., 2019. (Махсус сон). - 139-140-б.

66.Orientation and dense reconstruction of unordered terrestrial and aerial wide baseline image sets / J. Bartelsen, H. Mayer, H. Hirschmuller и др. // ISPRS Annals of the Photogrammetry, Remote Sensing and Spatial Information Sciences XXII ISPRS Congress Commission III/4, 25 August – 01 September 2012, Melbourne, Australia. – 2012. – Vol. I-3. 25-30-p.

67. Ойматов Р., Хафизова З. Қишлоқ хўжалиги карталарини синфлаштиришнинг илмий ва услубий асослари // Ўзбекистон қишлоқ ва сув хўжалиги журналининг "Агро илм" илмий иловаси. 5(68) - сон Тошкент, 2020., 71-б.

68. Ойматов Р., Хафизова З. Қишлоқ хўжалиги электрон картасини яратишнинг технологик тизимини ишлаб чиқиш // Ўзбекистон қишлоқ ва сув хўжалиги журнали. 9-сон, 2020 й., 41-б.

69. Ойматов Р., Хикматуллаев С., Сафаев С. Қишлоқ хўжалиги ерларининг тупроқ шўрланиши картасини тузишда геоахборот технологияларидан фойдаланиш // Ўзбекистон қишлоқ хўжалиги журналининг "Агро илм" илмий иловаси. 4(42) - сон Тошкент, 2016., 72-73-б.

70. Ozyavuz, M., B. C. Bilgili, and A. Salici. 2015. "Determination of Vegetation Changes with NDVI Method." Journal of Environmental Protection and Ecology 16 (1): 264–73.

71. Осокин С.А. Теоретические основы и методика создания локальной инфраструктуры пространственных данных: дисс. … канд. геогр. наук: 25.00.35. М., 2010. С. 145.

72. Popelka S, Brychtoava A, "Olomouc - possibilities of geovisualization of the historical city". Czech Republic-2000. 267 p. 274 p.

73. Павлов Э.А. Концепция и реализация научно-исследовательского геопортала ставропольского края на основе бесплатных геоинформационных технологий Вестник Северо-Кавказского федерального университета. 2013. № 1(34) С. 70–72.

74. Рахмонов Қ.Р. Давлат кадастрлари. Ўқув қўлланма. Т.,ТИМИ, 2008- 160б.

75. Рахмонов С."иккинчи ренессанс даврининг маънавий-руҳий асоси" Самарқанд 2021. 175б.

76. Reddy, C.S. and Roy, Arijit (2007). Assessment of three decades of vegetation dynamics in mangroves of Godavari delta, India using multitemporal satellite data and GIS. Research Journal of Environmental Science, 2(2), 108–115-p.

77. Robinson A.H., Morrison J.L., Muchrcke P.C., Kimerling A.J. Guptil S.C. Elements of Cartography, 6 th ed. New York Wiley & Sons, 1995. 450 p.

78. Resler, Lynn M. 2002. Remote Sensing and Image Analysis. Geomorphology. Vol. 46. https://doi.org/10.1016/s0169-555x(01)00164-7. (75)

79. Робинсон Б.В. Вопросы повышения эффективности управления региональными ресурсами развития туризма / Б.В. Робинсон, Е.О. Ушакова // Вестник СГГА (Сибирской государственной геодезической академии). 2013. № 3(24). С. 63–71.

80. Сафаров Э.Ю. ва бошқ. Геоинформацион картография. -Т.: Университет, 2012. - 180 б.

81. Сафаров Э.Ю. Географик ахборот тизимлари. - Т.: Университет, 2010. - 44 б.

82. Сафаров Э.Ю., Алланазаров О.Р. ва бошқалар Картография ва геовизуаллаштириш. - Т.:Иқтисод - Молия, 2016. - 171 б.

83. Сафаров Э.Ю., Мусаев И.М., Абдураҳмонов Х.А. Географик ахборот тизимлари. - Т.: Ношир, 2012. - 152 б.

84. Сафаров Э.Ю., Пренов Ш.М. ва бошқ. Картография ва геовизуаллаштириш. Тошкент, 2015. - 123 б.

85. Сафаров Э.Ю., Пренов Ш.М. Табиий карталарни лойиҳалаш ва тузиш. - Т.: Университет, 2011. - 159 б.

86. Salimi E., Soleimani K., Roshan M., Sabetraftar K. Land use planning for land management using the geographic information system (GIS) in the Loumir watershed of Guilan province in northern Iran//,2008 y. 141-149-p.

87. Seetha, M., Muralikrishna, I., Deekshatulu, B., Malleswari, B., HEGDE, P. 2007. Artificial neural networks and other methods of image classification. Journal of Theoretical and Applied Information Technology V. 4. 1039-1052.

88. Саранча М.А. Потенциал и организация развития туристско-рекреационной деятельности в Удмуртской Республике: географический анализ и оценка: дисс. докт. геогр. наук: 25.00.24. Воронеж, 2011. С. 309.

89. Systems / F. Blais и др.// Procs. 6th Conference on Optical 3-D Measurement Techniques, , Zurich, Switzerland, September 22–25, 2003. 244–251-p.

90. Султанов М.Қ., Сафаров Э.Ю. Космик методлар асосида ландшафтларни таснифлаш ва уларни баҳолаш масалалари // Ўзбекистон География жамияти ахбороти, 44-жилд - Т., 2014. - 139-142 б.

91. Сувонкулов Ш." ЮНЕСКО нинг умумжаҳон моддий ва номоддий маданий мероси рўйхати" zarnews. 23.04.2020й.

92. Юлия Евгеньевна "Голякова Становление и развитие системы кадастрового учста и охраны объектов историко-культурного наследия в России" Землеустройство, кадастр и мониторинг земель – 2012. С. 69-79.

93. Зайцева М.А., Дорофеев С.Ю., Кошевой С.Е. Визуальноинтерактивная технология интеграции САПР и ГИС // Технологии Microsoft в теории и практике программирования: Сб. трудов VII Всеросс. научнопракт. конф. студентов, аспирантов и молодых ученых. - Томск: Издво ТПУ, 2010. - С. 52-54.

94. Зуйков В.С. Создание и развитие региональной инфраструктуры пространственных данных на примере Ульяновской области // Фундаментальные исследования. 2015. № 2–25. С. 5681–5685.

95. Худайкулов Н. Масофадан зондлаш технологияларидан харита тузиш ишларида фойдаланиш "Science and Education" Scientific Journal May 2021 / Volume 2 Issue 5

96. Waldhoff, Guido, Ulrike Lussem, and Georg Bareth. 2017. "Multi-Data Approach for Remote Sensing-Based Regional Crop Rotation Mapping: A Case Study for the Rur Catchment, Germany." International Journal of Applied Earth Observation and Geoinformation 61 (April): 55–69.

97. www.arcgis.com «ArcGIS» дастури веб саҳифаси

98. www.qgis.com «QGIS» дастури веб саҳифаси

99. https://baxovidin-naqshbandi.vercel.app/

100. https://labi-hovuz.vercel.app

101. www.ziyo.net.

102. www.lex.uz.

ИЛОВАЛАР

Бухоро вилоятидаги Минораи Калоннинг космик сурати

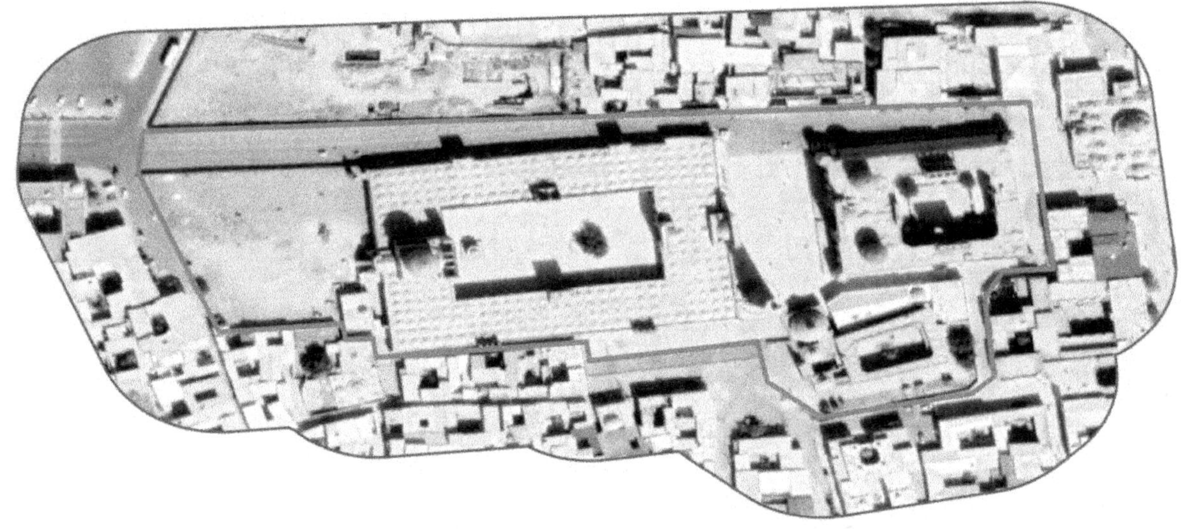

Бухоро вилоятидаги Арк Қўрғонининг космик сурати

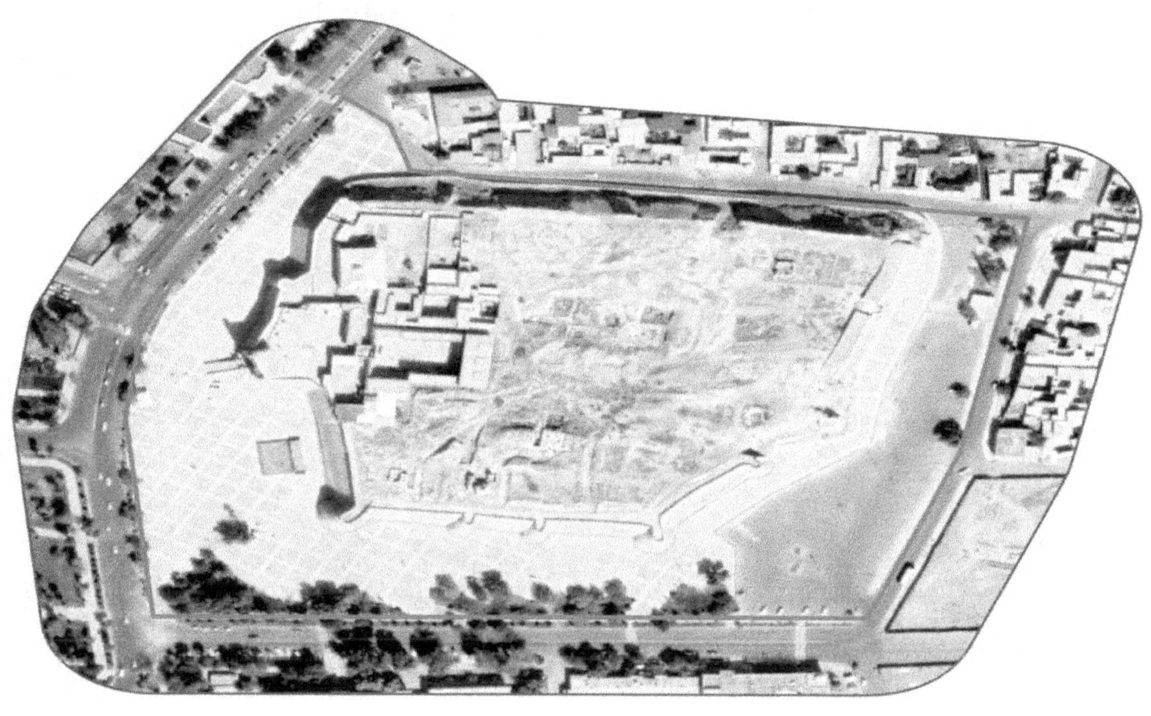

Бухоро вилоятидаги Баҳоуддин Нақшбанд ҳазратлари мажмуасининг космик сурати

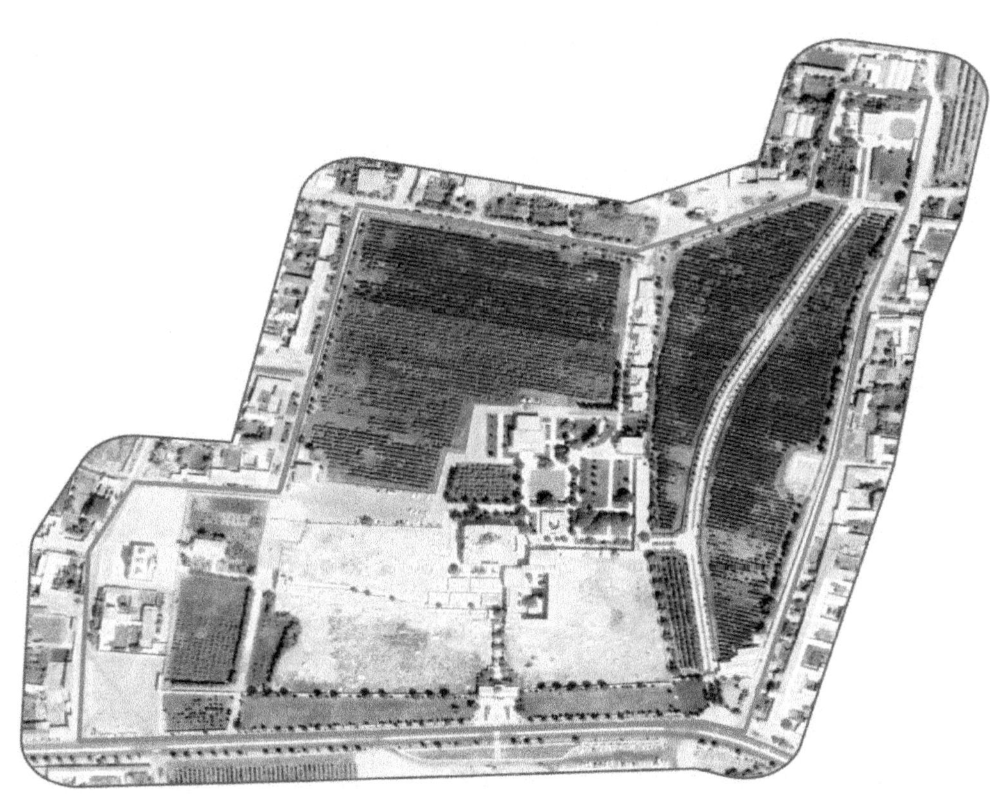

Баҳоуддин Нақшбанд ҳазратлари мажмуасининг рақамли харитаси

Баҳоуддин Нақшбанд ҳазратлари мажмуасининг рақамли харитаси

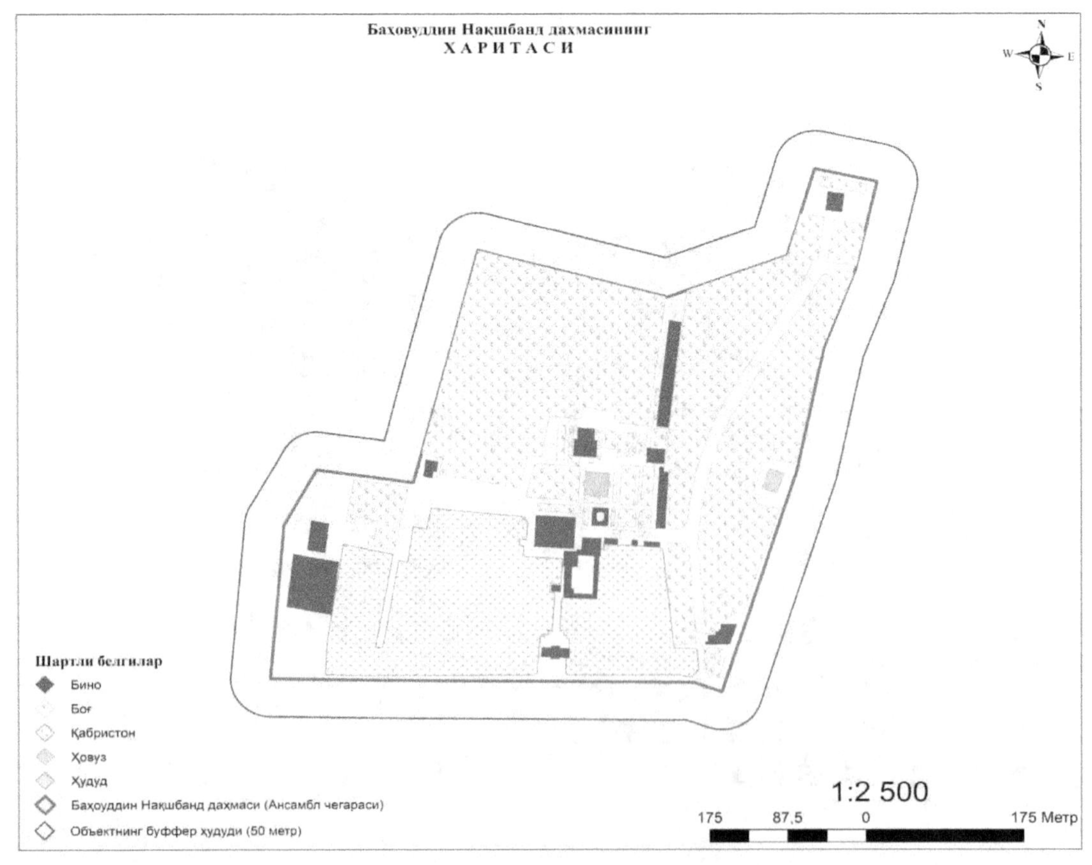

Геопорталдан фойдаланиш учун руйхатдан ўтиш ва муаллифдан рухсат сўраш ойнаси

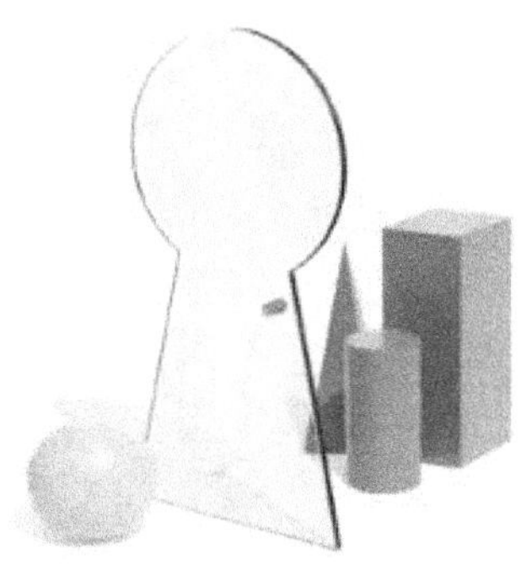

Дастурлаш тилининг Java Script кўп парадигмали дастурлаш тилидаги мавжуд шаблонлар ва муаллиф томонидан киритилган кодлар

```
<!DOCTYPE html><html itemscope itemtype="http://schema.org/WebSite"><head><script type="text/javascript" nonce="xCxpkd4W5BFb_5fcJqBc-g">(function(){/*

 

Copyright The Closure Library Authors.
SPDX-License-Identifier: Apache-2.0
*/
var b=b||{};b.global=this||self;b.I=function(a,c,d,e){a=a.split(".");e=e||b.global;a[0]in e||"undefined"==typeof e.execScript||e.execScript("var "+a[0]);for(var f;a.length&&(f=a.shift());)if(a.length||void 0===c)e=e[f]&&e[f]!==Object.prototype[f]?e[f]:e[f]={};else if(!d&&b.B(c)&&b.B(e[f]))for(var g in c)c.hasOwnProperty(g)&&(e[f][g]=c[g]);else e[f]=c};b.define=function(a,c){return a=c};b.oa=2012;b.m=!0;b.ra="en";b.Ia=function(){return"en"};b.ta=!0;b.R=!b.m;b.ma=!1;

b.Ya=function(a){if(b.L())throw Error("goog.provide cannot be used within a module.");b.G(a)};b.G=function(a,c,d){b.I(a,c,d)};b.S=/^[\w+/_-
]+[=]{0,2}$/;b.Ma=function(a){a=(a||b.global).document;return(a=a.querySelector&&a.querySele
ctor("script[nonce]"))&&(a=a.nonce||a.getAttribute("nonce"))&&b.S.test(a)?a:""};b.V=/^[a-zA-
Z_$][a-zA-Z0-9._$]*$/;

b.module=function(a){if("string"!==typeof a||!a||-1==a.search(b.V))throw Error("Invalid module identifier");if(!b.K())throw Error("Module "+a+" has been loaded incorrectly. Note, modules cannot be loaded as normal scripts. They require some kind of pre-processing step. You're likely trying to load a module via a script tag or as a part of a concatenated bundle without rewriting the module. For more info see: https://github.com/google/closure-library/wiki/goog.module:-an-ES6-module-like-alternative-to-goog.provide.");if(b.g.l)throw Error("goog.module may only be called once per module.");

b.g.l=a};b.module.get=function(){return null};b.module.Ha=function(){return null};b.j={C:"es6",o:"goog"};b.g=null;b.L=function(){return b.K()||b.ca()};b.K=function(){return!!b.g&&b.g.type==b.j.o};b.ca=function(){var a=!!b.g&&b.g.type==b.j.C;return a?!0:(a=b.global.$jscomp)?"function"!=typeof a.u?!1:!!a.u():!1};b.module.s=function(){b.g.s=!0};
```